阅 读 阅 美 ， 生 活 更 美

女性生活时尚第一阅读品牌

□ 宁静　□ 丰富　□ 独立　□ 光彩照人　□ 慢养育

[日] 小田哲之亮　主编
王超莲　译

漓江出版社

第一章

（原来是这样啊！）从症状了解猫咪的病情

1

要是你感觉猫咪与往日不同的话，那或许就是生病的信号。

第二章

（糟了！）发生事故或遭遇突发事件时

2

带猫咪去医院之前，你可以做的其实有很多。

三章

（就这么做！）突发事故的应急治疗

3

为了以防万一，需要了解应急治疗的方法。

第四章

（大吃一惊！）从年龄、性别上对待特殊病情

4

幼小猫咪和年长猫咪，母猫和公猫各自有代表性的病情都有哪些呢？

（怎么办？）纠纷处理法

5

那些令猫咪主人苦恼的宠物纠纷，只要冷静面对就能解决问题。

（原来如此！）最新猫咪话题

6

关于猫咪的一些微不足道的信息在紧急时刻或许能发挥作用呢。

目录

引 言

猫咪是这样一种动物，希望大家了解

性格

 在和人相处的过程中，猫咪的性格会变

几千年前猫咪非常冷酷

人类和猫咪的相交相处可追溯到五六千年前。据说古埃及人为了捕捉“偷袭”粮仓的老鼠们而开始饲养猫咪。

但是，几千年来，尽管猫咪和人类一直一起生活相处，但猫咪野生动物的性格几乎没有变化。猫咪富有独立性，自我意识强烈，有很强的自尊心。它们很好地控制着自己的感情，从不和人类保持过深的关系，不间断地捉着老鼠。

据说，与几万年前就被人类喂养，喜欢结群行动的狗相比，一直以来，猫咪就更喜欢孤独，性格沉静冷酷。

猫咪被人类带到世界各地，性格在不断地变化

猫咪的祖先是利比亚猫，生活在非洲大陆北部。

慢慢地，猫咪繁衍到邻近诸国。大航海时代，贸易商人为了整治船中的老鼠而带着猫咪一起航海。就这样，猫咪被带到了世界各地。

在新的环境中，为了适应当地的环境，猫咪的体质与性格也相应发生了变化。比如，原产于土耳其、伊朗、伊拉克的波斯猫因被人们珍视，其性格就比其他品种的猫老实，感情波动小。

品种不同，性格亦不同

毛的种类不同，猫咪的性格也会不一样。毛的种类分两种，一种是毛长的“长毛种”，一种是短毛的“短毛种”。

长毛猫一般性情悠哉温顺。波斯猫、喜马拉雅猫、布偶猫等都是有名的长毛猫。比如说，波斯猫虽然好奇心旺盛，但性格稳重；喜马拉雅猫喜好社交，自来熟，但性格温和。

而短毛猫中，暹罗猫、阿比西尼亚猫、美国短毛猫等非常有名。一般来说，短毛猫比较活泼，喜好社交，行动敏捷。它们也有喜欢亲近人的一面，比方说，暹罗猫比较活泼，喜欢亲近人、撒娇；阿比西尼亚猫也喜欢亲近人，而且特别喜欢玩。

如上所说，毛的种类不同，猫咪的性格也会不同。所以，在选择猫咪时请考虑一下它们各自的性格。

特征

进一步来了解猫咪身体的不可思议之处

人类和猫咪都是哺乳动物，所以猫咪和人类身体的构造基本上是一样的。但是，猫咪的有些部位有着与人类不同的特征。

耳朵　猫咪的耳朵能够捕捉到人类无法听到的超声波

人类的耳朵只能听到 2 万赫兹以内的声音，但猫咪的耳朵能够听到 5 万赫兹以内。因为它们的耳朵能够 180 度转换方向，所以通常能够捕捉到声音传来的方向。

眼睛　视力弱，但在黑暗中也能看到

猫咪那给人留下深刻印象的滴溜乱转的大眼睛一到天黑就会发光。猫的瞳孔可以随光线强弱而扩大或缩小，在黑暗的地方猫的瞳孔可以极大地散开，而到了明亮的地方猫眼的瞳孔收缩，眼睛像是割了条缝似的细长细长的。这就是在微弱的光线下它们也能看清的道理所在。

鼻子　嗅觉敏感，什么味道都能闻出来

猫咪的嗅觉远超人类。所以它们会用气味标记自己的领地，以划分势力范围，如在领地周围蹭上臭腺里发出来的臭味，放置排泄物等。

猫咪还能通过分辨气味感知性别和年龄等。它们还能嗅出味道是否新鲜。

牙齿　能够给人致命一击的锋利的牙齿也很有魅力

大而锋利的牙（犬齿）是用来给捉到的猎物以致命一咬的。槽牙（臼齿）也因为要用来将肉块撕裂而变得又尖又利。

猫咪一般不怎么咀嚼食物，而是将食物撕成能吞下去的大小后就整个吞下去。

舌头　在吃东西或舔东西的时候发挥主要作用

摸上去很粗糙的猫舌在吃猎物或食物时能够将食物毫无遗漏地送到嘴里去。

另外，舔舐身体的时候，猫舌就充当了毛刷的功能，将身体上的脏东西都舔掉。

胡须　能够发挥触觉功能

猫咪的胡须能够感知周围状况，发挥触觉功能。比如说，在通过黑暗的空间或狭小的地方时，猫咪就以胡须能否碰触到障碍物来判断是否可以通过。

脚　靠近时悄无声息，活动起来柔韧有力

猫咪的脚掌上有个小肉球，所以走起路来可以毫无声息。

另外，猫咪发达的肌肉、坚硬的骨骼及柔韧的关节配合协调，所以能够发挥出惊人的跳跃力和瞬间爆发力。

爪子　一旦有情况就会伸出爪子来

能够自由伸缩的爪子一般都是藏起来的，但一旦遇到情况，它就会成为强有力的武器。猫咪的爪子有好几层。猫咪之所以磨爪子就是为了将最外面一层指甲磨掉。

尾巴　保持平衡

跳起来的时候或是突然变换身姿的时候，猫咪就会依靠自己的尾巴。

另外，通过尾巴可以了解猫咪的心情。想撒娇的时候，猫咪就会竖起尾巴在人脚边蹭来蹭去。害怕的时候它就会将尾巴夹到腿中间。

猫咪真的很冷酷吗?

捕捉猫咪的感情表现

与忠实于人类的狗不同，猫咪是孤独生活着的动物，所以它冷酷，不善社交，不擅长用友好亲昵的动作和叫声来表达自己的情感。

但是，若你仔细观察，你会发现猫咪能够通过自己的全身来传达各种各样的感情。

特别观察一下猫咪的耳朵、眼睛、胡子、尾巴等，它们可是能够传递很多信息的。若是能够捕捉到这些感情的话，想必大家能够享受更加愉悦的宠物生活吧!

尾巴

- **突然竖起来**
  服从　撒娇
- **晃动**
  焦躁
- **尾巴尖微动**
  心情高涨
- **插到两腿间**
  害怕
- **膨胀**
  生气

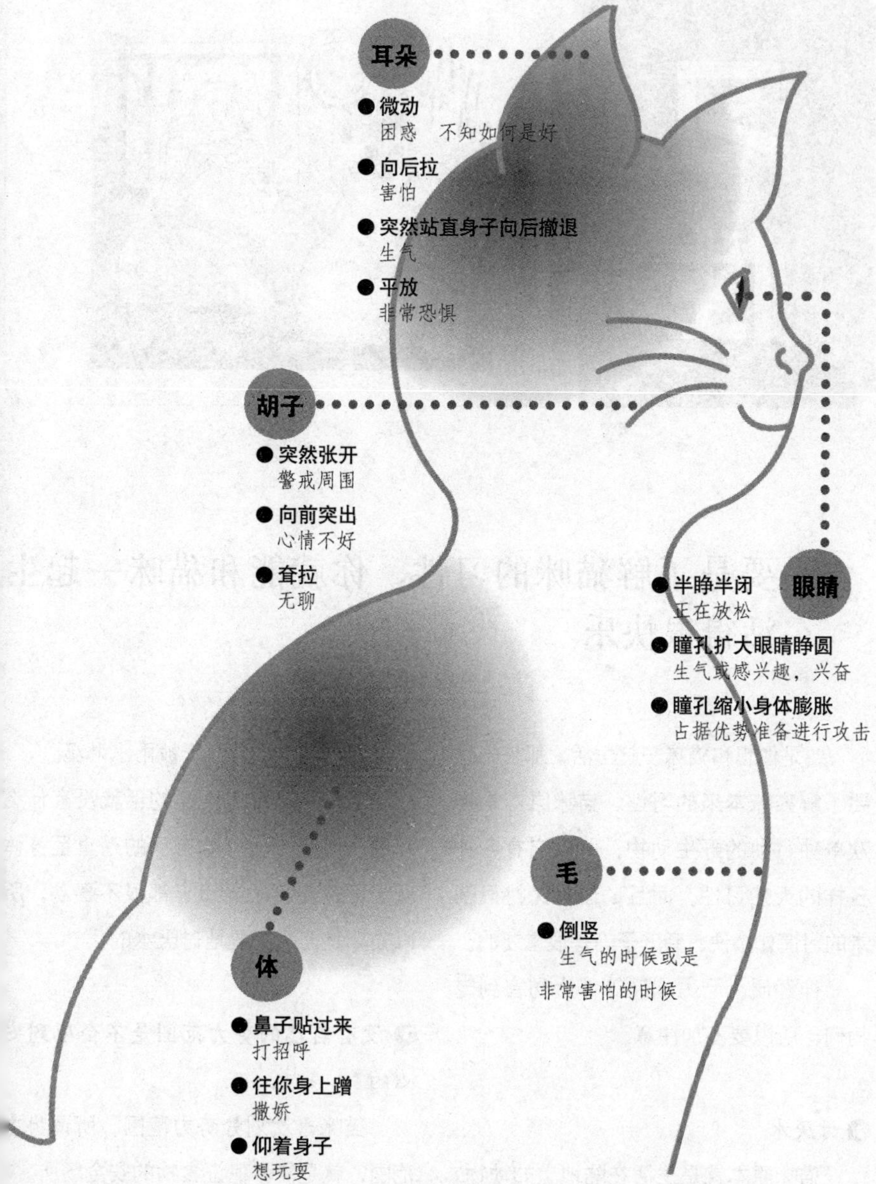

耳朵

● **微动**
困惑　不知如何是好

● **向后拉**
害怕

● **突然站直身子向后撤退**
生气

● **平放**
非常恐惧

胡子

● **突然张开**
警戒周围

● **向前突出**
心情不好

● **耷拉**
无聊

眼睛

● **半睁半闭**
正在放松

● **瞳孔扩大眼睛睁圆**
生气或感兴趣，兴奋

● **瞳孔缩小身体膨胀**
占据优势准备进行攻击

毛

● **倒竖**
生气的时候或是非常害怕的时候

体

● **鼻子贴过来**
打招呼

● **往你身上蹭**
撒娇

● **仰着身子**
想玩耍

要是了解猫咪的习性，你就能和猫咪一起生活得很快乐

要是你想和猫咪一起生活，那首先就要了解猫咪本来的习性。猫咪原本是喜欢单独行动的野生动物，所以它有各种各样的天然习性。而且，让其保持最基本的习惯如小便、磨爪子等是很重要的。

神经质、严厉训斥等都会伤害到宠物们，所以要多加注意。

讨厌水

猫咪原本就是生活在陆地上的动物，所以它讨厌水，也讨厌被雨水淋湿。

要是从小给它洗澡的话就没有什么问题，但它会一直舔自己的毛直至身体变干，就连脚心弄湿它都很不喜欢，所以猫咪是彻头彻尾地讨厌水的。

没有自己的势力范围是不会感到安心的

猫咪喜欢划分势力范围。所谓势力范围，就是能够保证食物的安全场所。

家养的猫咪没有必要去寻找食物，但它们还是以所在的家为中心，划分自己的势力范围，然后每天在自己的势力范围内巡视。猫咪（公猫）会往人的东西上撒尿，到处留下自己的气味，这些都是为了守护自己的势力范围。

夜行性

原本就有夜行性的猫咪喜欢在白天睡觉，一到晚上反而活跃起来。饲养在外的猫咪半夜会外出2~3次。

饲养在室内的猫咪虽然和人类一起生活，但到了晚上也会变得特有精气神。

磨爪子

猫咪之所以磨爪子就是为了使狩猎时所用的武器——自己的爪子一直保持锋利的状态。因此，这个习性是无法改变的。

猫咪会在自己的势力范围内磨爪子，所以它当然也会在家中磨爪子。猫咪会选择自己中意的地方磨爪子，所以在家里准备好猫咪喜欢的磨爪器是很重要的。

偶尔会离家出走

猫咪偶尔会离家出走。只要它对自己所住的环境感到不愉快，它就会离家出走。导致其感到不快的原因有很多，比如说家里多了新的宠物、搬家等。

虽然它们会在1~2周回家，但为它们创造一个舒心的生活环境还是很重要的。

喜欢舔毛

猫咪爱干净，为了除去身上的脏东西或异味，它们会边舔舐自己的身子边整理自己的毛，有时还会给毛沾上唾液来调节体温。吃进肚子里的毛会在胃中凝固成球状而自然吐出，所以不用担心。

喜欢捕捉猎物

狩猎是猫咪的本能。猫咪从小就追逐小动物，学习狩猎。

所以，它们在外面捕捉到猎物的话，也会将猎物带回家。

幼小的猫咪1年时间内就会迅速长大成熟

猫咪出生后1年就会长大。

在了解了猫咪的成长过程后，带着责任感去和猫咪交往吧!

新生儿时期（1～2周）

刚出生的小猫咪是那么的无力。尿液呀、粪便呀都是猫妈妈舔舐它们的屁股后带出来的。这段时期，小猫咪除了喝奶、大小便外，其余时间多是在睡觉。

第1次社会期（2周～3个月）

2周左右的时候小猫咪开始长牙。由于依旧不能独立大便，还是由猫妈妈来舔舐。

3周左右后，小猫咪睁开眼睛，开始歪歪扭扭地走路，接着就会和其他小猫咪一起玩耍了。

1个月左右后，牙齿差不多长齐了，也能独立大便了。这个时候就要训练它上厕所啦。

接下来就要接受第一次定期检查了。不要忘了检查粪便，驱除寄生虫。之后每2~6个月进行一次定期检查会好一些。

2个月左右的时候，猫妈妈就不愿意再喂奶了，这时的小猫咪已经可以吃流食了。这段时期要增加小猫咪和人接触的机会，和它一起玩，磨爪子、舔毛等的教育就可以开始了。

首次接种混合疫苗也是在这个时期，但因地域不同，接种时期及次数有很大差别。详细情况可以去找兽医了解，但疫苗一定要接种。

第2次社会期（3～6个月）

洗澡及散步的习惯要在3个月左右的时候开始养成。疫苗的追加接种也大致是在这个时期。

到6个月左右的时候，小猫咪开始换毛，乳牙脱落，新牙长齐。不论是公猫还是母猫都在这时迎来发情期。母猫来得早一些，公猫大约在7~8个月的时候到来。是否要进行避孕、阉割手术就要依据大家的想法来决定了。

青春期（6个月~1年）

1年时间后小猫咪就完全长成一只大猫咪了，开始划分自己的势力范围，开始自立生存。这时要进行每年1次的混合疫苗接种，也不要忘了驱除跳蚤、虱子等。

环境

 猫咪想过这样的生活

以自己的节奏来适应新的环境

把猫咪接到家里后，首先要让它去适应新的环境。所以，你要让猫咪以它自己的节奏来了解家里的一切。

主人不要过分地关注，不要带着猫咪到处转，静静地守候着它就行了。

对自己的小窝十分挑剔

据说猫咪 2/3 的时间都是在睡梦中度过的，所以它对自己的小窝十分挑剔。要是它对自己小窝的位置不满意的话，就让它到处转转，直到找到它自己喜欢的地方。

另外，猫咪对气味很敏感，所以用惯的毛巾等物品放在一起会好一些。

很快就能记住厕所的位置

想去厕所的时候，猫咪就会嗅着地

板上的味道开始四处转。你一看它是在找厕所了，就赶紧带它进厕所。最初几次很重要。如此反复2~3次，猫咪能够自己去厕所了的话，去厕所方便的习惯就算养成了。

厕所的位置要尽量安置在安静的地方。另外，厕所有猫砂、床单等很多类型，要根据猫咪对厕所的喜好程度来选择使用什么样子的厕所。

在室内也会觉得幸福

只要能够保证食物充足，有一个安全的地方，即使是在室内，猫咪也会觉得十分幸福了，自己的势力范围即使没有那么宽敞也没关系。

饲养在外的猫咪会突遇交通事故、易生病、给邻居带来麻烦等，所以在城市里饲养猫咪的话，在室内为它创造一个适宜生活的环境，和猫咪一起共享生活会更好一些。

不会感到寂寞

要是你养了好几只猫的话，总会有猫与其他猫合不来。可是，猫咪原本就是单独生活的动物，即使是亲子关系，小猫咪长大后也是不愿和猫妈妈在一起的。

所以，看起来孤零零的一只猫咪实际上并不寂寞。

自己看家也无所谓

猫咪是夜行性动物，白天基本上都在睡觉。所以即使主人家里谁都不在家，猫咪也会觉得无所谓的，只要你为它准备好饿了时可以吃的食物和新鲜的水就没什么问题了。

讨厌生活中的变化

猫咪的生活方式非常单调。但是，对猫咪来说，它很幸福。

每天能够按照固定的模式进行生活对猫咪来说才是一种能够放心的状态。所以，小猫咪长大后，突然让它乘车、带着它到处转等事情还是少做为好。

通过接种疫苗能够防止的传染病有哪些？

猫咪疾病中有一些传染病，作为病毒性疾病，这些病让人觉得很恐怖，如病毒性鼻气管炎、流感病毒感染症、泛白细胞减少症、白血病病毒感染症，还有艾滋病毒感染症等。一旦感染了这些病，再加上其他并发症，对于猫咪来说都可能是致命的。

但是，疫苗发明后，有些疾病就可以做到事前预防了。作为宠物的主人，为了守护宠物远离可怕的传染病，一定要给它们接种疫苗。

都有哪些传染病可预防？

①猫病毒性鼻气管炎

这种传染病又被叫作“猫咪的鼻感冒”，疱疹病毒是其病原体。症状有流鼻涕、打喷嚏、眼屎多、发烧到40℃以上、没食欲、腹泻、脱水等，若放任不管的话会引发肺炎甚至导致死亡。

②猫流感病毒感染症

这种感染症的病状与病毒性鼻气管炎非常相似，多会出现流鼻涕、打喷嚏、发烧等症状。病情进一步发展的话，舌头及口周围会出现溃烂。若是二次感染，引起肺炎并发的话，可能会导致死亡。

③猫泛白细胞减少症

这是一种白细胞极度减少的病，病原体是细小病毒。一旦感染此病，就会出现高烧、呕吐、腹泻等症状，嗓子麻痹，无法饮水。感染源是被感染猫咪的粪便或体液，猫妈妈也有可能会传染给自己的孩子。这是一种死亡率高，让人恐惧的疾病。

④猫白血病病毒感染症

这种病毒会引发肿瘤，据说它是造成淋巴肿瘤的主要原因。猫咪间的打架或交尾会造成感染，也可能会被猫妈妈感染。感染后会导致免疫力缺陷，还容易引发各种二次感染。

⑤猫艾滋病病毒感染症

正确来讲应该叫作猫免疫力缺陷病毒感染症（FIV 感染症）。体内感染猫免疫力缺陷病毒的猫咪会在打架过程中通过唾液经由咬伤伤口处传染给其他猫咪。最初没有什么症状，但慢慢地会出现伤口久治不愈、腹泻、口腔炎、鼻炎等症状。现阶段，没有任何的疫苗或药物能够杀死这种病毒。

什么时候接种疫苗呢？

现在，预防①～③疾病的 3 种混合疫苗及预防④的猫白血病预防疫苗已经有了。另外，能够预防①～④的 4 种混合疫苗也已经被研发出来了。

接种疫苗的时期各地多少有所不同。与兽医咨询商量后去确认接种时期吧。一般来说，出生后 2 个月左右可以接种最初的混合疫苗，第 3 个月时若追加接种第二次的混合疫苗，之后每年再接种 1 次疫苗就可以了。

名字

 命名在与猫咪的感情交流上很有用

交流的第一步

猫咪之间的亲子交流有多种方式，如猫妈妈对小猫咪进行的语言洗礼以及猫妈妈舔舐小猫咪的行为。

人和猫咪没有共同语言，但就像猫咪的亲子关系一样，猫咪主人通过呼唤猫咪、抚摸猫咪等举动使猫咪了解自己的意思与心情。因此，给猫咪起名是开始与猫咪交流的重要事情。

好叫的名字就行

日常生活中，你可能会说“小××，吃饭啦”“小××，就拜托你在家看门啦”等。在与猫咪进行交流时，太长的名字或是难发音的名字无论是对猫咪还是对人来说都是不便于理解的。

给猫咪起名字时，短而且易于发音的名字就可以。

从颜色或特征上来起名

通过颜色或特征来给猫咪起名字或许是最流行的方法。“小黑”“小白”“小花”以及“小不点”“小胖球”“小老鼠”等名字就是根据猫咪的毛色、形态等来起的。

另外，“咪咪”“喵喵”等根据猫咪的叫声来命名也是将猫咪的特征延伸后进行命名的方法之一。

曾经有一只叫“KAMUZO”的猫咪（KAMU 在日语中有咬人的意思）。不知是它总咬人还是起了这个名字后才咬人的，总之它有一个爱咬人的习惯。所以，起名字的时候务必不要忘记“名如其人（猫）”这个词。

以人名或地名来起名

以人名或地名来起名的话会给人以易于亲近的印象。你可以想到很多的名字，从“太郎”“花子”等古朴的日本人的名字到“约翰”“杰克”等外国人的名字。

另外，以曾经去过的地方的名字或想要去的地方的名字来起名或许也不错。“西耶那”（意大利城市）、“庞普治”（尼泊尔城市）等，寻找这些地名也挺有意思的。

过去，有人养了很多只猫，他就以山手线(日本东京的通勤铁路线路之一)各站名来给猫咪起名。“目黑”“巢鸭”这样的名字听起来也不错嘛。

以名人的名字来起名

以电影、电视、小说、漫画中的角色或历史上的人物、演员等名人的名字来起名也是起名的方法之一。“小奇”（漫画）、“小寅”（电影）、“福尔摩斯”（小说）等，借用自己憧憬的角色或喜欢的艺人的名字或许也蛮有意思。

了解猫咪之后，我们来好好地给它们洗澡打扮吧

要想了解猫咪的心情，你就要经常和它接触。因此，日常的洗澡装扮就很重要了。通过接触，你不仅能够进一步加深你和猫咪的心灵沟通，还能尽早发现猫咪的病情或伤情。

☆皮毛护理

首先，毛打结的地方用手指梳理开，然后用宽齿的梳子梳理一下。要是毛缠成一团一团的话，还是交给专业人士来处理比较好一些。

特别是夏天,跳蚤和虱子乱飞乱蹦的季节，猫咪会经常挠啊舔啊的，这种时候你就要仔细检查一下它的身体，看皮肤是否发炎。要是看到猫咪身上发痒的话，就用驱虱子项圈或药物来处理。

☆洗澡方法

基本上所有的猫咪都讨厌洗澡，所以要从小让它习惯洗澡。

当猫咪身上脏了的时候或是散发异味的时候再给它洗澡。洗澡次数过多的话会伤及猫咪的皮肤。

首先用刷子解开打结的毛发，用温水打湿猫身后，使用动物专用香波给它洗澡。洗完后一定要冲洗干净，确保没有任何香波残留。然后把毛擦干。

☆爪子的修剪

饲养在室内的猫咪可以定期地给它修剪爪子。但是，饲养在外面的猫咪的爪子还是不修剪的好。爬树、跳上跳下的时候，爪子钩不住的话容易受伤。

修剪爪子的时候，只修剪爪子前端半透明的部分就可以了。要是剪得太深的话会出血的，一定要十二分注意。

☆耳朵的打理

轻轻地碰一下猫咪的耳朵，看看是不是有疼痛的地方，或是闻闻有什么奇怪的味道没有。要是闻到有什么异味或是发现耳朵里有什么异常东西在的话，请尽快带猫咪去医院。

耳朵大约每月清理 2 次就行。用棉棒或纱布认真地清理出耳朵里的脏东西。猫咪挠耳朵或是摇头的时候有可能也是生病了。

☆牙齿的打理

一个月收拾一下牙齿。从小时候就用牙刷给猫咪刷牙。要是讨厌牙刷的话，就用纱布等轻轻地擦几下。要是牙上生牙石的话，带它去医院处理一下。

第一章

(原来是这样啊!)从症状了解猫咪的病情

呕吐 何时吐，吐到什么程度，都吐什么？

猫咪呕吐的原因有很多，但其中也有一些不抓紧治疗就会丧命的疾病。

 呕吐原因

- **杀虫剂或除草剂等有毒物质导致的中毒症**
- **胃肠炎症或异常**
- **肾功能障碍**
- **食物引起**

 症状特征

虽然统称为呕吐，原因还是有很多的，所以症状也不尽相同。主要症状有呕吐频繁，呕吐带血，或者伴随着呕吐同时出现其他症状，如腹痛、大便带有黏液、大便带血、血尿、食欲不振等。

 如何治疗

多数杀虫剂中含有拟除虫菊酯这种杀虫成分，除草剂或农药中含有磷，若猫咪误舔或误食了这些东西的话，就会导致呕吐、腹泻、血尿或痉挛。

墨鱼也会导致食物中毒，葱类会引起贫血，误食这些食物导致的中毒现象中也会出现呕吐症状。

小专栏

探索猫咪的小心情 1

呼噜呼噜

当你的猫咪感到十分满足的时候，它的喉咙就会发出“呼噜呼噜”“咕噜咕噜”的声音。这个声音和小猫咪吮吸母乳时发出的声音是一样的。看到喜欢的东西，撒娇的时候，高兴的时候猫咪都会发出这种声音。

【小专栏】

猫咪的种类 1

波斯猫（长毛）

好奇心旺盛，但性格稳重。毛发漂亮，所以需要每天打理。毛会严重打结。

诞生国：阿富汗

出现这些症状时，必须尽可能早地进行治疗。但作为预防措施，你可以将杀虫剂、除草剂、墨鱼点心以及葱类放在远离猫咪的地方。

吞进胃里的毛结成一团从而妨碍胃动能的毛球症会引发胃肠炎，这也会产生呕吐现象。最近出现了能够溶解体内毛球的食物，定期喂猫咪吃这种食物就能预防毛球症引发胃肠炎。

肾功能发生障碍的话就会导致呕吐、患尿尿不出、尿毒症甚至丧命。平时多观察一下猫咪的状态，一旦觉得不对劲就赶紧带它去医院。

猫咪年龄大了后容易患上肾功能不全症，放任不管的话也会发展成尿毒症。现在有能够预防尿路疾病及肾功能不全症的食物，还是提前预防一下吧。

另外，作为一种自我保护手段，猫咪也可能会将胃里的东西吐出来。这时你就要观察一下除呕吐之外是否还有其他症状。

小田医生诊疗室

先短暂观察一会儿猫咪的状态，若呕吐一两次就停了的话就不必担心了。

但呕吐严重的话，你就该考虑一下是什么病了。什么时候呕吐，吐了几次，呕吐物都有什么，仔细记录然后告诉医生。

小笔记 引发尿毒症呕吐的情况可能会致命。

2 没有食欲 通过食欲能够很好地了解猫咪的健康状态

身体状态不佳的话，食欲也会变化不定或者没有食欲。食物吃剩，食欲渐减都可能是生病了。

 原　因

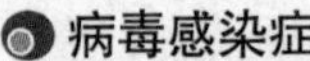

- 病毒感染症
- 艾滋病毒感染症
- 传染性腹膜炎
- 胃肠炎
- 寄生虫病

 症状特征

猫咪没有食欲，可能会出现突然不吃食、食物吃剩、不吃食只喝水等症状。这些症状和以上所有疾病的症状都相符，但比较有代表性的还是病毒感染症。

 如何治疗

因发高烧、口腔炎等导致食欲不振的现象非常多见。在治疗这些疾病的同时，食欲也会慢慢地恢复，所以还是要及时治疗。

另外，吃太多或是食用异物引发的急性胃炎，肠内有寄生虫或是异物堵塞等引起的肠道闭塞等也都是食欲不振的原因。因饮食上的原因导致食欲不振的话，平时就多加注意一下猫咪的食物吧。

【小专栏】

猫咪的种类 2

喜马拉雅猫（长毛）

喜交际，对人热情，悠然自得。是波斯猫和暹罗猫杂交后培育出的品种，奢华异域风格的毛色非常有魅力。

诞生国：美 国

病毒感染症也是被考虑的原因之一。病毒性鼻气管炎、流感病毒感染症、泛白细胞减少症、白血病病毒感染症等都有可能。就这些病的治疗方法而言，干扰素有很好的效果，所以你可以去找兽医了解一下。另外，对付感染症是有疫苗的（请参考本书第 024 页），还是做好事前预防吧。

艾滋病毒感染症最近很常见。由于现在没有任何疫苗或杀毒药物对付艾滋病，所以，如果通过血液检查确定感染的话，就要避免被感染猫咪与其他猫咪的接触，以预防其他猫咪被感染。

传染性腹膜炎除了有食欲不振症状外，还会出现发烧、腹腔积液、胸腔积液等症状。到现在为止，这种疾病除了隔离被感染猫咪外没有其他预防方法。

小田医生诊疗室

猫咪食欲不振有很多原因，病情各不相同，有时甚至是致命的，所以平时就要多观察猫咪的状态。

另外，病毒感染症中有些是可以通过疫苗来预防的。认真确认一下注射疫苗的时间，一定要给猫咪们接种。

小笔记 猫咪有时也会便秘，要让猫咪吃富含纤维的食物，让它多运动。

3 喝很多水 是吃多了？还是生病了？

有时猫咪喝很多水是因为生病了。另外，也有可能是因为食物种类的变化、吃太多等。

 原因

- 急性肠胃炎
- 病毒感染症
- 胃·十二指肠溃疡
- 肾功能不全
- 糖尿病

 症状特征

因病呕吐，所以喝很多水。肾脏功能不正常时也会出现同样的症状。另外，吃多了或吃太多咸的东西之后也会喝很多水。

 如何治疗

因胃炎、肠炎引起呕吐、腹泻，进而导致脱水。这种情况可以通过改善饮食来预防。这需要平时就多加留心。

泛白细胞减少症带来的高烧、呕吐、腹泻等也会导致脱水。这种情况可以通过接种疫苗来预防，因此可以和兽医商量后决定注射时期。

【小专栏

探索猫咪的小心情 2

喵喵呼噜呼噜

猫咪有时会撒着娇向你靠近，并发出“喵喵呼噜呼噜”的声音。这是高兴愉悦的表现。主人回家时，想撒娇时，它就会靠近你，表达它的愉快心情。

【小专栏】

猫咪的种类 3

伯曼猫（长毛）

内向，对人友好。像是穿了鞋子的脚和淡蓝色的漂亮眼睛让人印象深刻。

诞生国： 缅　甸

肾功能不全的话，猫咪的尿液会产生异常，想喝很多水。导致猫咪肾功能不全的原因有很多，如果是由牙龈炎或牙槽脓肿引起的，猫咪会觉得很痛苦，不麻醉是无法治疗的。此时要赶紧去看医生。

若猫咪患了糖尿病的话，会引发脱水，变得衰弱，从而会喝很多水。据说患糖尿病的原因是胰岛素分泌异常、肥胖、运动不足等。一旦病情恶化，就不得不注射胰岛素，此外还会产生很多并发症，甚至死亡。平时要对猫咪进行健康管理，多留心，做到有病早发现。

除了以上病情外，吃多了或吃了太多咸东西时也会喝很多水，因此要多加注意平时的饮食。因更换食物导致喝大量水或呕吐的情况下，要先把食物换回以前的品类。

小田医生诊疗室

罐头类的食物里含有足够的水分，但吃干燥食物时就需要补充充足的水分。更换食物时要留心观察一下猫咪的状态，要是发现有异常状况的话，就将食物换成原来的。另外，有一些针对病情的食物处方，有需要时请向医生咨询。

小笔记 喝很多水后小便不正常，并慢慢变瘦的话就要多加注意了。

口水增多，口臭 口或鼻子发出的SOS!

口水过多或是强烈口臭是得病的信息。这不仅仅是因为口腔里的疾患，还有其他原因引起的。

原　因

- 口腔疾病
- 鼻子疾病
- 中毒
- 晕车

症状特征

口腔炎、牙龈炎、溃疡等口腔疾病，鼻炎、副鼻腔炎等鼻子疾病，肺炎、慢性胃肠疾病等都会导致口臭。药物中毒、晕车等会导致猫咪流口水。

如何治疗

猫咪得了口腔炎的话，口臭强烈，流口水，除此之外，还有口腔红肿、溃烂、增生等。因伴随着疼痛，所以也会出现食欲不振的情况。

发生口腔炎的原因有很多，如外伤或药物的刺激、病毒感染、细菌感染等。口腔炎容易复发，所以一旦患上此病，有必要让医生进行适当的治疗直至彻底治好。

【小专栏】

猫咪的种类 4

布偶猫（长毛）

身体庞大，性格悠哉，喜欢撒娇。刚出生时是白色的，随着时间的流逝，毛会变色。

诞生国：美 国

要是得了牙龈炎的话，原本健康的粉色牙龈会变成红色或紫红色，并伴有强烈的口臭。

牙齿表面附着的细菌增殖或呈黄色薄膜状扩散的牙垢牙石都可能导致牙龈发炎。症状恶化的话会导致食欲不振。

像这种口腔疾病可以通过让猫咪从小养成刷牙的习惯来预防。但是要养成这个习惯是需要付出很大努力的。要是猫咪讨厌牙刷的话，饭后用纱布擦拭牙齿也是很有效的。

除此之外，食物中毒的情况下也会出现流口水、口臭的症状。若是因什么而中毒的话，就赶紧带着导致中毒的东西和猫咪去医院。

有些猫咪还会因晕车或嗅入刺激气味流口水，甚至会没精神，呕吐等。这种情况下，先让猫咪安静地待会儿，观察一下状态。要是情况没有好转的话，就赶紧带它去医院。

小田医生诊疗室

鼻炎、副鼻腔炎多是由病毒性鼻气管炎或流感病毒感染等病毒性呼吸器官疾病而引起的。得了这些病的话，猫咪呼吸时会呼出一种很有特点的腐臭味。

接种疫苗可以预防这些疾病，所以一定不要忘记接种疫苗。

小笔记 猫咪牙齿上长牙石的话要帮它清除掉。

5 牙龈出血 没有食欲也可能是这个原因

牙龈出血的原因多是由于牙龈自身的炎症或外伤引起的。症状恶化的话，甚至会导致食欲不振，身体消瘦等。

原　因

- 牙龈炎
- 牙周炎
- 灭鼠药中毒

症状特征

牙龈出血有时是因牙龈炎、牙周炎等牙龈发生炎症引起的。症状恶化的话，猫咪会因牙龈疼痛导致食欲不振，日渐消瘦等。另外，因灭鼠药中毒引起牙龈出血的情况也是存在的。无论如何，平时要多仔细观察猫咪的状态。

如何治疗

所谓牙龈炎，就是牙垢硬化成为牙石，进入牙与牙龈之间，细菌毒素因此侵入牙龈周围组织，导致牙龈肿胀、出血、变成紫红色。这种情况下可以通过清除牙石加上适当治疗来治愈。

【小专栏】

探索猫咪的小心情 3

呜呜

猫咪生气的时候，吓唬对方的时候发出的声音。毛发倒竖，弓起背，让身体看起来圆而大。看见狗或是有其他猫咪进入自己的势力范围时，猫咪就会发出“呜呜——”的声音来威吓对方。

【小专栏】

猫咪的种类 5

缅因库恩猫（长毛）

光泽艳丽的毛发看上去是那么的奢华。它会以它那特有的销魂叫声和你打招呼。

诞生国：美 国

牙龈炎进一步入侵到牙根部周围时就变成牙周炎了。支撑牙齿的组织等遭到破坏，牙根露出。牙龈红肿、出血，牙齿松动，最终脱落。要是到了这种状态的话，猫咪需要得到医生的治疗。

为了预防这些牙齿疾病的发生，就要让牙垢或牙石难以产生。动物饼干或口香糖对去除牙垢效果不错，另外市场上也在销售那些难以附着在牙齿上的食物。

另外，用牙刷或纱布清除牙垢也很重要。平时认真检查一下猫咪的牙齿。

灭鼠药中含有华法林成分，若猫咪误食，也会导致牙龈出血。捕食吃过灭鼠药的老鼠也会导致中毒。这种情况下需要医生的治疗，所以要尽快带猫咪去医院。另外，注意药物的保管，这对避免这种事故的发生也是很重要的。

小田医生诊疗室

牙齿疾病症状的显现一般都需要一段时间。平时多观察牙齿的状态，尽可能做到早发现早治疗，虽然有点难度，但我们可以用牙刷或纱布经常清理，进行预防，避免疾病发生。

定期进行检查，花点时间在牙齿的清洁上。

小笔记 让猫咪从小养成刷牙的习惯会比较好吧。

6 口腔溃烂 原因有很多

口腔炎、舌炎的症状之一就是口腔溃烂。症状恶化的话，猫咪会因疼痛、不快感等导致食欲不振，甚至身体衰弱。

原　因

- 口腔炎
- 舌炎
- 病毒感染

症状特征

口腔溃烂多是由于口腔炎或舌炎带来的症状。同时也有很多其他原因，如口中进入异物或刺激性食物，病毒感染等也会出现这些症状。

如何治疗

外伤、刺激物、伴随着牙龈炎而产生的细菌感染、病毒感染等都可能引发口腔炎。

无论是何种原因引发的口腔炎，症状都不仅仅是口腔溃烂，就算是被碰到嘴的周围猫咪也会感到厌烦，流口水、因疼痛而食欲不振等症状也可能会出现。

【小专栏】

猫咪的种类 6

挪威森林猫（长毛）

脖子上像围着一条围巾，体型大，腿长。擅长攀爬狩猎。

诞生国：挪 威

出现这些症状后，你可以清除牙垢牙石，通过药物进行持续治疗直至痊愈。另外，将刺激物等放到猫咪碰触不到的地方，让猫咪养成保持口腔清洁的习惯（参考 39 页）等，提前采取预防措施。

容易诱发口腔炎或舌炎的病毒感染中，有不会传染给人类但没有接种疫苗或治疗方法的艾滋病毒感染，极少发病但一旦发病预后不良的白血病病毒感染，呈现鼻伤风症状的病毒性鼻气管炎等。白血病病毒感染及毒性鼻气管炎有预防疫苗（参考 24 页），所以一定要接种预防疫苗。

除此之外，流感病毒感染的话，舌头表面会出现水泡、溃疡，并伴有剧烈的疼痛，疼得甚至连水都喝不下。但是，这种感染症也是能够通过疫苗来预防的，所以一定要注射疫苗。

小田医生诊疗室

若病情恶化到吃不下平时吃的那些食物的话，就给它换成容易食用的流食，一点点地给它吃。

为了不降低猫咪的体力，有耐性的看护及持续的治疗是很重要的。

小笔记 严重的口腔炎非常痛苦，所以还是尽早治疗为好。

掉牙 仔细观察一下猫咪的年龄和样子

因生病而掉牙的情况也是有的。另外，根据猫咪的年龄来看，有时没生病也会掉牙。所以考虑一下猫咪的年龄后再去判断原因。

原 因

- 换牙
- 老龄化
- 牙周炎

症状特征

牙周炎等牙齿疾病会导致掉牙。另外，幼猫出生后 3 个月以后换牙的时候或是年老的时候，没有什么病也会掉牙。

如何治疗

猫咪大致在出生后 2 周左右开始长牙，1 个月左右 26 颗牙就长齐了（参考 20 页）。出生 3 个月左右乳牙脱落，5 ~ 6 个月的时候，30 颗新牙就长齐了。

12 ~ 13 岁老猫的牙龈及牙槽开始松弛，牙齿就会脱落。此时它并没有生病，所以不必担心，但食物的咀嚼就不再那么充分了。这时，你就不能喂它年轻时吃的食物了，帮它换成易消化、易咀嚼的食物。

【小专栏】

探索猫咪的小心情 4

喵——喵——

想要吃东西的时候，想要外出的时候或是想要向对方传达信息的时候发出的叫声。这时，看看猫咪的状态就知道它想干什么了。有些时候，它甚至会去拍拍人的身体、挠挠人等进行催促。

【小专栏】

猫咪的种类 7

美国反耳猫（长毛 & 短毛）

耳朵向后脑勺方向翻，像一个卷似的。生性稳重随和。

诞生国：美 国

因牙周炎导致支撑牙齿的组织细胞被破坏的话，牙齿也会松动脱落。因为牙周炎伴随着剧烈的疼痛，所以它讨厌东西碰到自己的嘴，不愿吃东西。

症状恶化的话，下巴骨会出现骨髓炎，牙根部的脓会破皮而出。一旦出现这种情况，就要尽可能早地接受专门治疗，所以要尽快带它去医院。

此外，牙齿疾病多是因细菌感染引起的，所以防止牙垢或牙石的产生是预防的第一步。平日里多观察一下口腔状态，用牙刷或纱布处理一下牙齿。

小田医生诊疗室

牙齿松动时去咨询医生，最好是拔掉。猫咪吃东西的时候基本是囫囵吞枣，所以消化上没什么问题。

只是，给它食物时一定要切成容易吃的大小。

小笔记 猫咪也会有蛀牙。牙齿疾病不可轻视。

8 咳嗽打喷嚏 别因为像感冒的症状而疏忽病情

咳嗽打喷嚏是比较容易发现的病情之一，但放任不管的话，可能会有性命之忧，所以要十分小心。

 原　因

- 支气管炎
- 病毒感染
- 肺炎
- 肺水肿
- 肺部肿瘤
- 肺出血
- 丝虫病

 症状特征

咳嗽打喷嚏一般会被认为是感冒症状，但猫咪咳嗽有很多原因，其中不乏一些性命攸关的病情，所以要及时去医院就医。

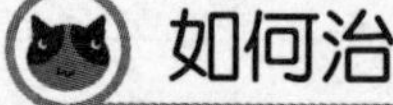

要是得了支气管炎的话，猫咪会干咳。要是猫咪有精神有食欲的话，只要把支气管炎治好了，几天后就不会咳嗽了。

但是，有时也会出现持续咳嗽几周的状况。

【小专栏】

猫咪的种类 8

曼切堪猫（长毛 & 短毛）

腿短，脚掌稍微向外撇。好奇心强烈，性格可爱。

诞生国：美　国

持续性咳嗽多会发生在老猫身上，其原因有很多。灰尘或室内外温度的变化，吸入异物或刺激物等都会引起咳嗽，所以平日里就要留神，保持生活环境的整洁。

另外，因病毒性鼻气管炎、流感病毒感染等病毒感染会导致肺炎、肺水肿等肺部疾病。除了湿咳外，还会出现食欲不振、发烧、脱水等症状，其中有些症状可能会持续 1 个多月。病毒感染病中有些可以通过接种疫苗进行预防（参考 24 页），所以一定不要忘了给猫咪接种预防疫苗哦。

除此之外，还有个十分罕见的例子，那就是得了狗狗的代表性疾病丝虫病的话，猫咪也会咳嗽打喷嚏，另外还会引发咯血、呼吸困难、血尿等症状。有蚊子的季节让猫咪服用预防药可以达到预防作用，给猫咪服药前不要忘了去咨询一下医生哦。

小田医生诊疗室

当你把猫咪带到医院时，可能是因为紧张的缘故，它突然就不咳嗽打喷嚏啦。

仔细观察猫咪的病情，尽可能详细地把情况告知医生。这样能够顺利地诊断病情，以便进行早期治疗。

小笔记　因为看起来很有精气神就对病情置之不理的话，有时会引发大病。

9 流鼻水或鼻子干燥 确认一下猫咪是否发烧

通常身子弄湿、受凉的猫咪的鼻子会因发烧而发干。仔细观察猫咪的状态，一旦发现病情就赶紧进行治疗。

原　因

- 病毒感染
- 细菌感染
- 副鼻腔炎
- 热性病

症状特征

病毒感染或细菌感染会出现咳嗽流鼻水的现象，另外，因某些原因而发烧的话，鼻子会发干。

如何治疗

被病毒性鼻气管炎、流感病毒所携带的病毒感染，或葡萄球菌、链球菌、大肠杆菌、巴氏杆菌等细菌感染的话，猫咪会咳嗽或流鼻水。

病毒感染的话，因为有预防疫苗（参考 24 页），所以一定要给猫咪接种。如果是细菌感染的话，可以通过留意卫生管理，改善生活环境做到事前预防。

【小专栏】

探索猫咪的小心情 5

喵——喵——（叫声短促且连续）

猫咪有时会提高嗓门，叫得惹人烦。这种时候多是招呼伙伴，想要找对象，肚子饿了等想要马上干某事的时候。叫声短促，连续性地发出“喵喵”的声音。

【小专栏】

猫咪的种类 9

苏格兰折耳猫（长毛 & 短毛）

小耳朵，前端圆圆的。奢华，被一团看似暖暖的毛包裹着。

诞生国：英国

另外，在这些感染症之后，猫咪可能会患上其后遗症副鼻腔炎：继续流鼻水，并带有恶臭。除此之外，还会出现食欲不振、急剧消瘦、用口呼吸等各种各样的症状。此时，猫咪需要接受专业治疗，所以要及时将猫咪带到医院去。

相反，若猫咪鼻子干燥，你不必马上认为是生病了。猫咪在睡觉的时候，以及睡醒的时候，鼻子都会发干。

但是睡醒一会儿后鼻子仍旧发干的话就有可能是发烧了。将动物用体温计从肛门插入，测一下体温（参考156页）。正常温度大约在38℃。若是体温过高的话，马上带到医院去，在医生的指导下进行治疗。

小田医生诊疗室

若觉得病情轻微而置之不管的话，鼻子疾病会变成重症或慢性病。

2～3天还是止不住流鼻水或鼻子仍持续干燥的话，赶紧带猫咪去医院。它可能得了其他什么病。

小笔记 严重咳嗽并流鼻水的情况下，猫咪有可能是得了肺炎或支气管炎。

10 打呼噜的声音大 鼻子的问题？还是因为太胖了？

猫咪和人一样，也会打呼噜。但是呼噜声大，呼吸异常的话就可能是得了什么病了。

 原　因

- **肥胖**
- **副鼻腔炎**
- **病毒性鼻炎**
- **细菌性感染**

 症状特征

打呼噜的原因有很多，可能是因为肥胖，也可能是因为副鼻腔炎或病毒性鼻炎等鼻子疾病。通过医院治疗可以得到改善，但症状突然恶化的话，就要紧急应对了，此时要赶紧联系医生。

 如何治疗

猫咪太胖的话，脂肪堆积在上呼吸道处，空气流通通道变窄，呼吸道黏膜颤动就会打呼噜。这种情况下要改善猫咪的饮食，让它多运动（参考64页）。

另外，副鼻腔炎也是原因之一。副鼻腔是指通往鼻腔内部由骨头圈起来的空间。这个部位发炎的话，鼻子就

【小专栏】

猫咪的种类 10

拉邦猫（长毛 & 短毛）

卷毛很可爱。性格活泼，喜人亲近，擅长狩猎，是有名的猎人。

诞生国：美 国

容易堵塞，鼻腔抵抗空气的压力就会变大，上颚颤动就会导致打呼噜。

导致副鼻腔炎的原因有病毒性呼吸器官疾病、细菌性感染等。

病毒性呼吸器官疾病有病毒性鼻气管炎、流感病毒感染等。症状有发烧、打喷嚏、流口水、用口呼吸等，就和人感冒相似。病毒感染有些可以通过疫苗来预防（参考 24 页），所以不要忘记接种预防疫苗。

细菌性感染可以通过卫生管理，改善生活环境来预防。平日里要十分注意。

但当呼噜声突然变严重，或呼吸异常的话就是紧急情况了，马上带猫咪去医院。

小田医生诊疗室

呼吸器官的异常平时不仔细观察是不容易发现的。

平日里就要留心，不要错过一些小症状，一旦发现异常就马上去医院。

另外，卫生管理也很重要。与猫咪共同生活的环境要保持清洁。

小笔记 扁平鼻、鼻尖褶皱的波斯猫等的呼噜声都很大。

11 眼睛流泪，眼屎多 眼睛是很重要的器官，有问题要紧急处理

猫咪的眼睛有各种功能，即使在黑暗中也能看清，能够迅速地测算距离等。对于猫咪来说，眼睛是个重要的器官。对于眼睛的异常要及早发现。

原　因

- 流泪症
- 眼睑内翻·外翻症
- 结膜炎
- 角膜炎
- 新生儿眼炎

症状特征

眼泪多，眼泪的出口发生异常或眼睑内翻，睫毛刺激角膜，眼睑外翻等导致流泪、眼屎多。

如何治疗

流泪症多在流泪过多，泪腺异常的情况下发生。小鼻子小脸的波斯猫有时会得这种病。此病与眼睛、鼻子的形状有很大关系，下眼睑内侧因流泪变成茶色时，要让医生检查一下。

眼睑向内侧翻是内翻症，向外侧翻是外翻症。猫咪很少会得外翻症，而内翻症多是先天性的。另外，有些猫咪

【小专栏】

与新来家里的猫咪的相处方法 1

让它与其他猫咪共同生活好吗?

养猫的话，比起只养 1 只来，养 2 只的话猫咪会更有活力。特别是在猫咪小的时候，与其他猫咪的接触有利于身心的成长。

【小专栏】

猫咪的种类 11

土耳其梵猫（长毛）

眼睛大大的，圆圆的，被一团软软绵绵的毛包裹着。盛夏喜欢游泳。

诞生国：土耳其

的睫毛会摩擦角膜，置之不理的话会失明。在情况严重之前先进行治疗会比较好一些，治疗前先咨询一下医生。

眼中黏膜发炎就是结膜炎。过敏、病毒感染或外伤等很多原因都会导致结膜炎。治疗方法也有多种，小到洗眼睛大到需要做手术。

瞳孔表面薄薄的角膜患病就是角膜炎。与结膜炎一样，引起角膜炎的原因有很多，治疗方法也有很多，如使用维生素 A 或抗生素、实施手术等。

无论是何种情况，眼睛上的病发展迅速，原因众多。一旦发现眼睛有异常，就应该尽早带猫咪去医院接受早期治疗。

另外，药物的错误使用可能会加速重病情的恶化，所以使用前咨询一下医生会比较好一些。

小田医生诊疗室

幼猫结膜充血、浮肿，第三眼睑肿胀，眼睛睁不开，这些都是新生儿眼炎的表现。因为眼炎伴随着痛苦，所以幼猫会喝不下奶汁，变得衰弱。严重的话还会导致失明。所以马上去咨询医生，尽可能早地开始治疗。

小笔记 除了眼睛本身的疾病外，在发烧的情况下也会出眼屎。

12 眼睛白浊 眼睛可能会失明

眼睛疾病有各种各样的原因及复杂的因素。眼睛白浊会比较容易发现，所以要是怀疑生这种病了，就要马上展开早期治疗。

 原　因

- 角膜炎
- 眼睑内翻
- 白内障
- 绿内障

 症状特征

眼睛白浊有两种，一种是眼球白浊，另一种是瞳孔发白。第一种情况多是角膜受伤或细菌感染等造成的。第二种情况可能是眼中水晶体白浊引起的白内障或眼压急剧上升导致的绿内障。

 如何治疗

眼球发白是由于角膜损伤或细菌感染引起的。

眼睑内翻（参考 50 页）会导致角膜损伤，细菌入侵伤口会导致角膜炎，这是眼睛常见疾病。眼睛白浊比较容易发现，所以赶紧把猫咪带到医院展开治疗吧。

【小专栏】

猫咪的种类 12

土耳其安哥拉猫（长毛）

它有着小小的身体和如绢般的细毛。活泼好动，充满活力。

诞生国：土耳其

白内障是眼中水晶体白浊，会导致视力丧失的一种病。多数原因不明。可能是先天性的，或是老龄化带来的，也可能是糖尿病引起的。

现阶段没有完全治疗白内障的药物，只能是达到延缓病情发展或一定程度上的恢复。完全失明的情况下可以进行手术。这些都需要去咨询一下医生。

绿内障是指眼压急剧上升导致眼睛疼痛、眼睛浑浊或瞳孔张开等症状的发生。其原因也有很多，据说先天性的或其他眼睛疾病的并发症的情况比较多一些。

绿内障会导致失明，所以一旦得了绿内障，要尽早咨询医生。治疗方法有外科方法和内科方法，治疗时间较长。所以治疗期间要有耐性。

小田医生诊疗室

根据症状的不同，有些病可以滴眼药水，有些病用了眼药水反而会恶化。所以眼药水的选择要慎重。

一旦发现眼睛有异常，首先去咨询医生，尽早开展专门性治疗就是最重要的。

小笔记 年老的猫咪可能会患老年白内障。

13 挠眼睛、眼睛肿大 眼睛疾病的信号

猫咪用前爪洗脸的动作非常可爱。但是，挠眼睛会导致眼睛受伤或眼睛肿胀，所以，请留心观察。

 原因

- 眼睑炎
- 过敏
- 新生儿眼炎
- 结膜炎
- 角膜炎
- 猫咪间打架

 症状特征

因一些眼部疾病导致眼屎多、流泪、眼睛痛、眼睛痒的同时，猫咪还会用前爪挠眼睛，导致眼睛肿胀。有时症状会进一步发展，所以平时就要充分注意猫咪的动作。

 如何治疗

眼睑及其周围发炎就是眼睑炎。细菌真菌导致的感染、花粉或灰尘导致的过敏、外伤等都可能是导致眼睑发炎的原因。

【小专栏】

与新来家里的猫咪的相处方法 2

观察猫咪相互间的样子

当你把新来的猫咪邀请到家中时，猫咪们会因为不习惯而打架，做出一些有问题的举动。仔细观察一下以前猫咪的状态，然后让它慢慢地习惯现在的境况。

【小专栏】

猫咪的种类 13

索马里猫（中毛）

它给人的印象就是毛茸茸的尾巴和拱形背。生来就喜欢在户外活动。

诞生国：英 国

除了眼睛周围肿胀，有痒感外，猫咪还会因疼痛而挠眼睛、蹭东西等。如果猫咪一直这样，症状会不断恶化，所以要尽早带到医院去进行专门治疗。

有时，因结膜炎或角膜炎的原因，猫咪也会因为感受疼痛而挠眼睛，甚至把眼睛挠肿了（参照 50 页）。病因不同，治疗方法也有很多。

另外，猫咪间打架也会弄伤、弄肿眼睛。发生并发症的可能性会比较高，所以一旦发现眼睛周围有外伤的话，赶紧去咨询医生。预防的方法：1 年内受伤较多的 2～4 次发情期里，尽量不让猫咪外出。

与人类一样，对猫咪来说，眼睛是非常重要的感觉器官。虽然预防比较困难，但越早发现就能够越早对其进行治疗。所以平日里仔细观察猫咪，一旦发现异常，尽快带到医院去。

小田医生诊疗室

猫咪的过敏症状和人类相似，也会出现呼吸器官症状或皮肤病。过敏会伴有痒感，一旦挠伤会引起细菌感染，症状会因此加重。

最近有的宠物医院已经可以给猫咪做过敏性皮炎过敏源检查了。

小笔记 眼屎也会导致眼部瘙痒肿胀。

14 耳朵发臭 是否做好了耳朵的清洁？

鼻子一靠近耳朵就会闻到一股难闻的味道。这可能是耳屎堆积的原因，也有可能是得了外耳炎等耳朵疾病。

原　因

- 外耳炎
- 中耳炎
- 耳癣

症状特征

耳屎、细菌、霉菌感染等原因引发耳朵入口到鼓膜间的外耳通道发炎的外耳炎，进而由鼓膜更往里的部分发炎的中耳炎并发。

如何治疗

猫咪的外耳道呈 L 字形弯曲，因此，容易堆积耳屎，细菌、霉菌等入侵，洗澡水入耳这些都可能导致外耳炎。所以平时就要留意清洁耳朵。

除了耳屎、细菌、霉菌的感染会导致外耳炎外，耳癣（参考58页）、寄生虫、肿瘤、受伤或事故引发的外伤等也会引发外耳炎。

【小专栏】

猫咪的种类 14

巴厘猫（长毛）

它有着苗条优雅的外形。好交际，好奇心强，精神饱满，性格可爱。

诞生国：缅甸

耳朵发炎的话，耳朵就会发臭，另外还伴随着摇头、耳朵痒、出脓等症状。

治疗方法因病因不同而有所不同，所以，给其他动物开的处方药或过去曾用过的处方药不要随便使用。

外耳炎进一步发展可能会导致中耳炎并发。中耳炎很难从外部观察到，所以发现猫咪有耳朵疼的动作时，仔细检查之后才会知道病情。

鼓膜受伤，炎症由外耳延伸到耳朵内部会导致中耳炎，所以防止猫咪得外耳炎是很重要的。

一旦得了中耳炎，就要赶紧带猫咪到医院去治疗。在家里慌慌张张地不知所措反而导致病情加重的例子非常常见。

小田医生诊疗室

即使是在健康状态下耳道表面也是会分泌耳垢的，平时要保持清洁。

因外耳炎引发耳朵肿胀的话，耳朵会有剧痛。一旦发现异常，尽早咨询医生，有耐心地坚持治疗是很重要的。

小笔记 进行长时间治疗也治不好的情况下，再次检查确认什么药会更有效。

挠耳朵 可能会导致脱毛

猫咪用爪子蹭脸时，就像在脸上画椭圆形图案似的。但频繁地挠耳朵的话，就有可能是生病了。

原　　因

- 外耳炎
- 耳癣

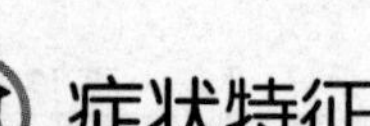

症状特征

外耳炎或耳癣可能会导致耳朵痒。如果猫咪挠得太厉害的话，会导致毛发变稀，甚至脱落。平时要留心耳朵清洁。

如何治疗

得了外耳炎（参考56页）的话，猫咪会出现摇头、耳朵痒、用后爪挠耳朵、耳朵内侧发红、耳朵出脓等症状。原因有很多，治疗方法及使用药物会有所不同，所以先带到医院去让医生检查一下。

另外，外耳炎症状恶化的话，会导致内耳炎并发。注意早期治疗。

【小专栏】

与新来家里的猫咪的相处方法 3

小的时候入住比较好

当你把新来的猫咪邀请到家中时，猫咪年龄小的会更容易熟悉起来。出生后2个月的时候，它多少会有些警惕，但相互之间能很快地玩到一起。

耳癣是指在耳郭的可见部位及其周围由寄生疥螨引发皮炎的一种皮肤病。

【小专栏】

猫咪的种类 15

安哥拉猫（长毛）

它细长的身体，像展开翅膀似的优雅的尾巴给人以深刻的印象。性格活泼外向。

诞生国：英 国

因痒感较强，所以猫咪老是挠耳朵、摇头。最终，猫咪的耳朵皮肤会变得干燥，毛变得稀疏，甚至脱落。

寄生的疥螨从卵成长到成虫大约需要 3 周左右的时间。这段过程中，有时药物可能发挥不了作用，所以治疗时间会被延长。这时，你要有耐心地坚持治疗下去。

当猫咪耳朵附近有灰色茶色干燥的耳屎，或黑色的耳屎大量出现的时候，就有得耳癣的可能性。

为了防止猫咪得这些病，你要时常给猫咪做耳朵清理，保持耳朵的清洁干燥，养成用棉棒或纱布去除脏东西的习惯。

但向耳朵里面掏的时候，你可能会伤到猫咪的耳朵，所以在可见范围内进行清理就行了。

小田医生诊疗室

猫咪的耳朵非常敏感。它能够捕捉到人类所听不到的超声波，耳中掌管平衡感的三半规管使得它能够在狭窄的墙壁或树枝上行走。

与人类一样，耳朵是猫咪的重要器官，所以请十分注意不要让它生病。

小笔记 癣病会传染人，痒感强烈，一定要及早治疗。

16 讨厌被碰到耳朵 要是看上去很痛苦的话那就是生病了

猫咪原本就不喜欢别人碰它耳朵，但是，当你碰它耳朵时，它看起来很痛苦，或是极端地阻止你碰它耳朵的话，生病的可能性就比较大了。

 原　因

- 外耳炎
- 中耳炎
- 耳郭血肿
- 耳癣
- 耳郭扁平上皮癌

 症状特征

碰它耳朵时，它会表现出十分厌恶的样子，有时还会痛苦地叫唤。得了急性外耳炎或中耳炎的话，耳朵会有剧烈的疼痛感，所以它不会让你去碰的。另外，耳郭血肿的话，你碰它的耳朵时能感觉到弹力。

 如何治疗

得了急性外耳炎或中耳炎（参考 56 页）的话，耳朵有剧烈的疼痛感，所以一碰它就会痛苦地叫。另外还会伴有发烧症状，疲倦无力，精神萎靡，静静地蹲坐着。这种情况下赶紧带猫咪去医院，查找原因展开治疗。

【小专栏】

猫咪的种类 16

东方猫（长毛 & 短毛）

它有着细长腿，柔软苗条的身体。喜欢与人亲近，性格可爱。

诞生国：美　国

所谓的耳郭血肿，就是耳部皮肤与其下边的软骨间的血管破裂出血，导致耳郭（外部可见部位）肿胀的一种病。由于血液在耳郭集聚，所以一碰就会知道。据说，置之不管的话，耳朵会变形，变成椭圆形，所以还是尽可能早地进行手术，将变形控制在最小限度内比较好。耳郭血肿的原因有很多，如得了外耳炎挠耳朵时弄坏血管就会引发血肿。要想预防的话，就要经常清洁耳朵，早发现早治疗。

得了耳癣（参考 58 页）也会使耳朵有剧痛感。一旦觉得猫咪得了这种病的话，首先去咨询医生，在医院接受治疗。

猫咪得了耳郭扁平上皮癌的话，患处会变红，出现皮屑出血症状。这种病需要进行外科治疗，所以一旦确认耳朵有异常的话，马上带到医院去。

小田医生诊疗室

耳朵疾病分为皮炎、肿瘤等很多种。

耳朵内侧不太脏的话，大家可能会疏于清洁。清洁耳朵，保持干燥可以预防耳朵生病，所以请认真地清洁耳朵。

小笔记 耳郭扁平上皮癌在白猫身上较常见。

17 变瘦 是食物的问题，还是因为生病了？

正常饮食却变瘦，除了食物问题，也可能是生病了。重新审视一下猫咪的日常生活习惯。

 原　因

- 营养问题
- 寄生虫病
- 糖尿病
- 猫艾滋病毒感染

 症状特征

食物量不足、吃了营养不均衡的食物等，即使正常饮食猫咪也还是会变瘦。另外，因一些病症，猫咪虽然有食欲却还是会变瘦。

 如何治疗

突然间变瘦，正常吃饭却变瘦了，这种症状除了营养上的问题外，得了寄生虫病的情况也很多。

猫咪容易得的寄生虫病有绦虫、蛔虫、球虫等。

绦虫或蛔虫可通过猫咪的粪便或老鼠感染。带猫咪去医院接受检查，如果感染的话，能够通过驱虫剂驱除。平时也要留心定期检验猫咪粪便以便进行预防。

【小专栏】

与新来家里的猫咪的相处方法 4

成年猫和幼猫

比起幼猫间的相处，成年猫和幼猫间的相处似乎要多费点功夫。有时，幼猫会调皮地捉弄一下成年猫，成年猫则会吓唬幼猫。这时，不要呵斥成年猫，为它们创造一个相互间宜居的环境。

【小专栏】

猫咪的种类 17

日本短尾猫（长毛 & 短毛）

肌肉发达，一小撮短短的尾巴让人印象深刻。性格活泼，喜欢调皮。

诞生国： 长毛原产美国，短毛原产日本

球虫感染是幼猫的多发病，通过得球虫病的动物或粪便感染。一旦发现患病，可给猫咪喂食驱虫药，尽早治疗。

除此之外，得了糖尿病的话，猫咪会出现脱水、衰弱，有时还会出现黄疸症等症状。据说，胰岛素分泌异常、肥胖、运动不足等都是发病原因。严重的话，必须注射胰岛素才能生存下去，另外还会有很多并发症，甚至导致死亡。平时努力进行健康管理，多加留心，早发现早治疗。

猫咪感染艾滋病毒（参考 32 页）的话，虽有食欲但还是会变瘦。给你觉得有问题的猫咪进行血液检查。现在尚没有疫苗或能够杀死病毒的药物，只能通过避开与其他猫咪的接触来预防感染。

小田医生诊疗室

突然间更换日常食物或猫咪偏食的话，即使正常饮食还是会变瘦。

这时你要换回原来的食物，或是为它提供营养均衡的食物。营养不均衡的话很容易导致生病，所以平日里就要多加留心。

小笔记　幼猫的肚子鼓鼓的话，你就要怀疑一下它是不是得了蛔虫病。

18 变胖 肥胖也是一种病

丰满的猫咪虽然可爱，但从健康方面来看，肥胖是个很大的问题。猫咪肥胖需要减肥，也需要饲养主人及家人的配合。

 原因

- 吃多了
- 运动不足
- 糖尿病

 症状特征

过胖会引发关节炎等行走障碍症、心脏疾病、呼吸疾病或糖尿病等。触摸胸部附近时感觉不到肋骨的存在的话就可以说是肥胖了。

 如何治疗

确定猫咪处于肥胖状态后，去医院接受医生的诊断，决定减肥的目标体重。猫咪减肥慢，一般情况下 1 周能够减 225g 左右。

减肥时，不要减吃饭的次数，而是将 1 天的食物量分成多次会更有效果一些。因为这样的话，一次吃饭中积攒下来的能量（卡路里）会变少。

【小专栏】

猫咪的种类 18

异国猫（短毛）

它松软的毛和胖乎乎的身子很可爱。温和，喜欢与人亲近。

诞生国：美 国

关于食物种类的话，多吃富含纤维的蔬菜会好一些，还能预防便秘。

根据医院治疗方法的不同，有些医院会提供一些减肥用的特别疗法餐，你在给猫咪减肥时可以去咨询一下医生。

另外，用玩具陪猫咪玩，带它去散步等增加猫咪的运动量。和医生咨询后，有耐心地坚持是很重要的。

据说，胰岛素分泌异常、肥胖、运动不足等原因会导致糖尿病，出现喝水多、尿多、吃的不少反而瘦等症状。室内喂养的猫咪发病率较高，所以感觉猫咪得糖尿病的话，赶紧去医院检查。病情严重的话，就需要给猫咪注射胰岛素来维持它的生命，糖尿病还会引发一些并发症，甚至导致死亡。

总而言之，不要因肥胖给猫咪带来痛苦，为此，要努力做好每天的健康管理。

小田医生诊疗室

所谓减肥，不是简单地瘦下来，而是将猫咪的饮食习惯及生活习惯变得健康起来。

所以，不只是减少食物量，减轻体重的问题，而是在考虑猫咪健康的基础上，重新审视一下猫咪的饮食生活是否合理。

小笔记 主人也和猫咪一起，重新审视一下自己的饮食习惯和生活习惯吧。

19 毛没有光泽 通过毛发梳理能够了解猫咪的健康状态

猫咪是爱干净的动物，只要一有空，它就会梳理自己身上的毛。毛没有光泽就是得了什么病的证据。

原　因

- 胃肠炎
- 寄生虫病
- 皮炎
- 没梳理

症状特征

猫咪得病的话，毛就没有光泽。另外，猫咪疏于梳理的话，也会出现同样的症状。无论是哪种情况，仔细观察一下毛的状态及猫咪的样子，考虑一下它的日常生活习惯，查明原因。

如何治疗

若主人不给猫咪做一些清洁梳理工作，如洗澡、刷毛、剪爪子等，猫咪的毛就会没有光泽。

清洁梳理工作不只是为了保持猫咪身体的整洁，通过洗澡刷毛等能够刺激皮肤，起到预防皮肤病或由虱子等寄生虫引起的感染症的作用。

【小专栏】

与新来家里的猫咪的相处方法 5

成年猫之间的相处

成年猫之间的组合相处需要花费很长的时间去适应。最好是尽可能地避开这种搭配，若实在没办法只能把两只成年猫放在一起饲养的话，那就要仔细观察猫咪们的状态，让它们慢慢地习惯对方。

另外，清洁梳理还能确认猫咪的身体状态，预防疾病。总之，清洁梳理并

【小专栏】

猫咪的种类 19

英国短毛猫（短毛）

柔软的圆脸，矮胖的身子令人印象深刻。独立心强，性格稳重。

诞生国：英　国

系到猫咪的健康。

当然，清洁梳理在与猫咪建立亲密关系上也是很重要的。所以要定期给猫咪做清洁，梳理毛发。身体状态不好的时候，猫咪是不会舔自己身上的毛的。

因生病导致毛没有光泽也是可能的。

得了胃肠炎或寄生虫病（参考62页）的话，猫咪会出现呕吐、腹泻等症状，进而脱水，毛失去光泽。病治好后这些症状也就好了。

另外，得了皮肤病的话，在早期阶段就会呈现出毛没有光泽的症状。再过一段时间的话，会出现脱毛、皮屑或疮痂等症状，人们多在这时才会发现猫咪生病了。为了能够尽早发现病情，就好好地给猫咪清洁梳理吧！

小田医生诊疗室

为了猫咪能够舒适地生活，清洁梳理是不可或缺的。

但是，也有一些猫不喜欢被人碰。

你可以在它睡熟的时候，轻轻地抚摸它，多抽点时间和它一起玩，通过一些行动让它慢慢地习惯，并养成清洁梳理的习惯。

小笔记　季节更替也是猫咪换毛的时期，此时清洁梳理可要谨慎点。

20 出现皮屑 可能会感染人

皮屑多见于皮肤发炎导致的皮肤病症状中。其中，有些可能会感染人，所以需要多加注意。

 原　因

- 耳癣
- 跳蚤或螨虫引起的皮炎、过敏性皮炎
- 皮肤感染症

 症状特征

出现皮屑多是因皮肤感染，如跳蚤、虱子等寄生虫引发的皮炎、过敏性皮炎等导致的。大家要迅速地展开治疗，注意不要让猫咪因身体瘙痒而抓伤自己，引起二次感染。

 如何治疗

皮肤病的产生有很多原因，治疗方法也有很多。一旦觉得猫咪生病了，首先去咨询医生，然后再展开适当的治疗。保持猫咪身体的清洁是预防皮肤病的关键。

耳癣（参考58页）是指寄生在耳郭及其周围的疥螨引起的皮炎。你能够看到如同皮屑硬化了一般的疮痂。耳癣会在猫咪之间传染，若你养了多只猫时，只要有一只猫咪出现耳癣症状，所有的猫咪都要接受检查进行治疗。治疗有时会拖很久，所以治疗时

【小专栏】

猫咪的种类 20

曼克斯猫（短毛）

没有尾巴，走起路来像跳跃一般。整体上圆圆胖胖的，性格稳重冷静。

诞生国：英 国

要有耐心。

绦虫以跳蚤为媒介传播，跳蚤是绦虫的中间宿主，猫咪在用舌头梳理自己身上的毛时，会食入跳蚤，从而染上绦虫。所以如果是跳蚤引起的皮炎，就要注意是不是也染上了绦虫病，最好先驱跳蚤，过半个月后再驱绦虫等寄生虫。

绦虫有猫绦虫、欧猥迭宫绦虫等很多种类。绦虫寄生到猫咪身上的话，猫咪会出现消化障碍、呕吐、腹泻等症状。另外，这种症状会传染人，所以一定要进行驱虫。

螨虫会引发幼猫的皮炎。常见现象是猫咪身体表面出现一层细细的皮屑。如果抱身上有寄生虫的猫咪的话，它会把螨虫传染给人（参考 223 页）。建议您咨询医生后开始治疗。

另外，过敏性皮炎（参考 71 页）也是可考虑的原因之一。咨询医生后有耐心地进行治疗。

小田医生诊疗室

通过日常的清洁梳理能够提早发现或预防皮炎的发生。

对猫咪的健康进行管理，让它舒适地生活是主人的责任。所以请好好关心它们。

另外，皮肤病多会传染给人，所以请保持猫咪身体的清洁。

小笔记 刚开始养猫的时候，主人得了皮炎的话，很可能是因为螨虫。

21 掉毛 注意早期治疗

多数情况下，身体痒而挠的时候会掉毛。平日里就要多观察一下猫咪的身体状态。

原　因

- 细菌或真菌感染
- 寄生虫引起的皮炎
- 湿疹
- 过敏性皮炎

症状特征

除细菌和真菌引起的感染症之外，寄生虫引起的毛包虫病等皮肤病，一些原因引发的湿疹，接触性皮炎、季节性皮炎等过敏性皮炎等都会导致身体痒，掉毛。

如何治疗

感染细菌或真菌引发皮肤病的话，身体痒的同时还会脱毛。其中，有些症状还会传染人。

细菌、真菌在湿度较高的状态下才会发育，所以夏季要特别注意猫咪的卫生管理。细菌真菌的种类不同，治疗方法也会不同，所以要尽快去医生那里接受诊断治疗。

【小专栏】

与新来家里的猫咪的相处方法 6

作为主人应该注意的事情

家里来新的猫咪时，主人往往只注意新来家里的猫咪而忽略了以前就生活在一起的猫咪。作为主人，应该一如既往地和以前的猫咪接触，给它清洁梳理，给它留一些这种特殊的交流时间。

【小专栏】

猫咪的种类 21

美国短毛猫

它有着胖乎乎的脸和壮壮的身体。性格稳重，独立心强，老老实实。

诞生国：美 国

毛包病是由寄生虫引起的一种皮肤病。初期症状中，身体感觉不到多痒，只是有轻微的脱毛现象。病情恶化的话，皮肤病会扩展到全身，治疗难度就会增加。当你看到猫咪的脸周围出现类似粉刺的皮炎的话，你就要怀疑一下是不是毛包虫病了，并好好检查一下。

接触性皮炎是因接触到地毯、驱除跳蚤项圈等引发的皮炎。症状恶化的话，首先去咨询医生，如果确诊为接触性皮炎，就要采取一些必要措施，如将驱除跳蚤的项圈摘除等。

季节性的过敏性皮炎多发于高温多湿的时期，通常会产生剧烈的痒感，并伴有掉毛现象。治疗方法就是排除造成过敏的物质。

最近，通过过敏源测试能够查明导致过敏的原因。所以如果对猫咪放心不下的话，带猫咪去进行测试即可。

小田医生诊疗室

皮肤病有很多原因。

因为瘙痒，猫咪会咬伤弄伤自己的身体，使得病症进一步恶化。当猫咪身子痒的时候，通过清洁梳理寻找原因，尽可能早地开始治疗，这是很重要的。

小笔记 得了感染性疾病，想要知道哪种药效果好的话，可以通过感受性检查来确认。

22 肚子咕噜咕噜叫 是否出现腹泻的症状?

比起往常来没什么精神，肚子咕噜咕噜地叫，而且出现了腹泻症状的话，这就是生病的征兆。

 原　　因

- 吃太多或消化不良
- 病毒感染症
- 寄生虫病

 症状特征

肚子咕噜咕噜叫是因为肠道运动活跃，肠道内的营养成分在被吸收之前就被输送到了肛门处，所以肚子咕噜咕噜叫时多会发生腹泻。因下腹部会感到疼痛，所以会没有食欲，变得没有精神等。

 如何治疗

肚子咕噜咕噜叫有时是因为吃太多或消化不良造成的。这种情况可以通过调整食物量，给猫咪一些容易消化的食物等方法来预防。另外，如果猫咪在更换食物后肚子出现异常的话，赶紧换回到原来的食物。

泛白细胞减少症等猫咪病毒感染症也会导致肚子咕噜咕噜叫。病毒感染症中有些可以通过接种疫苗来预防（参考

【小专栏】

猫咪的种类 22

美国硬毛猫

它的特点就是那一身有弹性的刚毛。卷曲的胡须特别受到珍视，性格稳重。

诞生国：美 国

24页），所以不要忘记给猫咪接种疫苗哦。

蛔虫或绦虫（参考62页）等寄生虫也会引发此症状。这些病症还会通过猫咪的粪便或老鼠感染其他猫咪。去医院进行检查，若感染的话，可以通过驱虫药驱虫，但还是要注意定期进行粪便检测以便预防。

球虫等原虫感染也在考虑范围之内。在幼猫身上发病的病例较多，并且可以通过得球虫病的动物或它们的粪便感染。一旦发现感染，主人应马上带猫咪去医院，用驱虫剂进行驱虫治疗。

除以上原因外，因一些压力原因，猫咪可能会在压力之下得神经性腹泻。突然间改变猫咪的生活环境对猫咪来说也会造成压力。如果因此导致猫咪腹泻，可以把猫咪带回原来的生活环境，或重新审视一下现在的生活空间看看需不需要做出一些调整和改变。

小田医生诊疗室

肚子咕噜咕噜叫多会出现腹泻。82页的“腹泻”也可作为参考。原因也可能是内脏疾病或中毒症。

肚子疼是件痛苦的事情。请尽快发现原因，迅速进行治疗。

小笔记 猫咪吃了异物的话，也会出现肚子不舒服的症状，而且病情恶化得比较迅速。

23 皮肤无法复原 考虑一下是什么原因

即使皮肤只是被轻轻抓了一下也无法复原的原因有很多。找到病因治疗是关键。

 原 因

- 病毒感染症
- 皮肤无力症
- 胃肠炎
- 肾脏疾病
- 胰脏炎
- 呕吐或腹泻导致的脱水

 症状特征

病毒性鼻气管炎等病毒感染症、胃肠或肾脏疾病、偶尔还会有皮肤失去弹性的皮肤无力症等。另外，伴随着这些病，还会出现呕吐、腹泻等现象，导致脱水，从而使得皮肤无法复原。

 如何治疗

有些病毒感染症能够通过疫苗来进行预防（参考 24 页），所以不要忘记接种疫苗，注意疾病的预防。万一发现有感染的疑惑，迅速去咨询医生。

【小专栏

与新来动物的相处方法 1

与狗狗共处？ 1

从小就放在一起喂养的话，狗狗和猫咪能够成为好朋友。即使是长大之后把它们放在一起，只要它们小时候有过相互之间的接触，还是能够很容易搞好关系的。

【小专栏】

猫咪的种类 23

俄罗斯短毛猫（短毛）

祖母绿色的眼睛和光泽亮丽的毛令人印象深刻。小心谨慎，对环境的变化十分敏感。

诞生国：俄罗斯

据说皮肤无力症多是遗传的。皮肤没有弹力，皮肤被抓伤无法正常复原，有时皮肤还会开裂。咨询医生后，努力去进行改善。

得了胃肠炎（参考 34 页）症状恶化的话，呕吐腹泻的同时，会出现脱水症，此时猫咪如果受伤，伤口会很难愈合，皮肤可能就无法复原了。带猫咪去医院，马上开始疾病治疗。

肾功能不全等肾脏疾病是老年猫咪的多发疾病。初期猫咪会喝很多水，随着病情的发展，会出现没有食欲、脱水等症状，有时会出现受伤后伤口难以愈合的情况。虽然原因不明，但通过饮食治疗或许能够治愈，所以先去咨询一下医生比较好。

总之，不管是什么情况，先找到病因，治愈后，一点点给它补充水分，使脱水症恢复正常后才能使皮肤的状态复原。注意有耐心地进行治疗。

小田医生诊疗室

皮肤无法复原多是由出现脱水症状的疾病引起的。尽早去咨询医生，找到致病原因。

使猫咪脱水症状恢复正常是需要时间的，但可以一点点给它补充水分使其恢复。

小笔记 子宫蓄脓症中的呕吐、腹泻也可能会导致脱水。

24 讨厌被抚摸肚子 食物也可能是原因之一

当你想抱猫咪的时候，或是想抚摸它的肚子的时候，它会讨厌地发出悲鸣般的叫声，这就说明它的肚子有异常状况了。

 原　因

- 黄色脂肪症
- 偏食
- 便秘
- 膀胱炎
- 泌尿器症候群

 症状特征

偏食或是过多地给猫咪吃含不饱和脂肪酸的食物的话，猫咪的肚子就会出现异常。得了膀胱炎等泌尿器疾病的话，当你要抱猫咪或想要抚摸它肚子时，它就会发出痛苦的叫声。

 如何治疗

猫咪食物中的营养成分要均衡，摄入不足或过量就会引发一些疾病。过多地摄入不饱和脂肪酸会引起一些疾病，其中有一种病叫黄色脂肪症。含有较多不饱和脂肪酸的代表食品就有猫咪喜欢吃的竹荚鱼。

得了黄色脂肪症的话，腹部会出现硬疙瘩，一碰就疼。维生素 E 对治疗这种病非常有效。鲣鱼、金枪鱼、柳叶鱼等鱼中就富含维生素 E。

【小专栏】

猫咪的种类 24

阿比尼西亚猫（短毛）

它有着细长的腿和肌肉发达的身体。沉默寡言，但喜欢与人亲近，贪玩。

诞生国：埃塞俄比亚

治疗的时候偶尔可能会出现过剩症状，所以，可以一边向医生咨询，一边给猫咪更换一些富含维生素E的食物。

得了膀胱炎或泌尿器症候群（FUS）的话，会让猫咪的尿液出现异常，肚子疼痛。

膀胱炎是猫咪的多发病，因细菌等感染而引起。

FUS是多重原因重合导致尿道中出现结晶或结石的病症。

尿道被隔断，膀胱被充满。置之不管的话会产生食欲不振、呕吐、腹痛等症状，进而发展成尿毒症，甚至死亡。保持性器官的清洁，保证总是喝干净的水，提供营养均衡的食物等，日常多加留心注意才能预防疾病的发生。

同样，要预防偏食及便秘，也要进行每日的健康管理。只要给猫咪适量的营养均衡的食物，让其进行适量的运动就能预防了。

小田医生诊疗室

过去没有什么猫食，猫咪都被叫作竹荚鱼猫，因为只给猫咪吃竹荚鱼，所以得黄色脂肪症的猫咪有很多。一定不要只给猫咪吃竹荚鱼。

另外，让猫咪吃墨鱼会引起中毒，使得猫咪瘫痪甚至死亡。所以也不要给猫咪吃墨鱼。

小笔记 营养均衡的饮食生活，每日对大小便的观察都是很重要的。

25 蹲着不动 气温是否急剧变化？

猫咪突然间蜷缩起身子蹲着不动的时候，可能是身体状态不好。观察一下猫咪的样子，带它去医院看医生。

 原　因

- 胃肠炎
- 病毒感染症
- 寄生虫病
- 泌尿器症候群
- 气温下降

 症状特征

猫咪会把身子蜷成一团，蹲着一动不动，可能是胃肠炎、肝炎、泌尿器症候群（FUS）等疾病导致的，除此之外，体温或气温的急剧下降也会使得猫咪做出这样的姿势来。

 如何治疗

因生病而蜷缩着一动不动的时候，把病治好是首先需要做的。

得了胃肠炎的话，腹部疼痛，猫咪会一脸痛苦地蹲着。因病毒感染或寄生虫原因而蹲着不动的话，猫咪会出现腹泻症状。

【小专栏】

与新来动物的相处方法 2

与狗狗共处？2

若你想饲养的狗狗和猫咪在小的时候没有过相互接触的经历，那你就要做好双方发生冲突的思想准备。即使是双方能够习惯彼此的存在，它们似乎也很难和平相处。

舌头、口腔溃疡的猫杯状病毒感染症，白细胞减少的猫泛白细胞减少症等，一旦猫咪得了这些病毒感染症就

【小专栏】

猫咪的种类 25

亚洲猫（长毛 & 短毛）

亚洲猫有亚洲渐变色猫（Asian Shaded）/ 波米拉（Burmilla）、亚洲烟色猫（Asian Smoke）、亚洲单色猫（Asian Self）、亚洲虎斑猫（Asian Tabby）和蒂法尼猫（Tiffanie）等种类，可爱动人。

诞生国：蒂法尼种类 • 英国

需要在医院进行治疗，但其中有些病毒感染症能够通过疫苗进行预防（参考24页），所以一定要给猫咪接种疫苗。

蛔虫或绦虫在体内寄生的情况也是有的。这种情况下，猫咪会剧烈地呕吐、腹泻甚至出现脱水症状。咨询医生后，用驱虫剂就能把病治好。要想事前预防的话，平日里就要多观察一下猫咪，定期进行粪便检查。

得了泌尿器症候群的话，除了小便出现异常外，腹部也会疼痛。赶紧咨询医生，尽快展开治疗。喂它新鲜的饮用水，保持厕所清洁等可以减少病症发生的概率。

另外，即使是再健康的猫咪，把它放在非常寒冷的环境里的话，它也会缩成一团蹲着不动。所以，不把猫咪置于艰难的环境中是很重要的。寒冷环境中要为猫咪采取一些适当的保暖措施。

小田医生诊疗室

平日里没什么精神的猫咪突然间症状恶化、得了什么急病而体温急剧下降的时候，你也会看到猫咪蜷缩着一动不动。

这种时候多是某种病症出现了恶化，所以赶紧带猫咪到医院去治疗吧。

小笔记 猫咪不耐寒，所以要多加注意室温的变化。

26 走路方式很奇怪 考虑一下受伤的可能性

当你感觉猫咪的走路方式奇怪的时候，多半是脚或关节出现异常了。边抚摸猫咪的身子边去寻找原因。

原　因

- 交通事故造成的外伤或骨折
- 爪子受伤
- 关节炎

症状特征

脚走路时不沾地，或走路方式与之前不同的时候，多是脚上受伤或骨折、爪子受伤或关节或肌肉异常造成的。

如何治疗

脚踩到异物或脚掌发炎会导致猫咪走路方式与之前不同。根据伤口受伤程度来决定如何处理，进行判断，如果比较严重必须进行缝合，就要赶紧带猫咪去医院。

另外，让慌张的猫咪镇静下来也是很重要的。运送猫咪时，把猫咪放到洗衣服用的网兜里，以及防止运送时造成二次伤害。这样，医生治疗的时候就会比较顺利。

【小专栏】

猫咪的种类 26

美国缅甸猫（短毛）

喜欢和人亲近，性格温顺。圆圆的脑袋和宽间距的漂亮的金黄色瞳孔令人印象深刻。

诞生国：美 国

两脚摇摇晃晃或是肿胀的话就多是骨折造成的。自由自在在外面溜达的猫咪在主人不注意的时候碰到交通事故也是可能的。小心翼翼地用毛巾绑住骨折的部位，再把猫咪放到洗衣服用的网兜里，赶紧带到医院里去。

爪子剪得太厉害了等也可能导致爪子受伤。

饲养在室内的猫咪的爪子长得太长的话会反插到脚掌里去。爪子一旦出血的话，止血会比较慢，赶紧用止血剂止血后消毒，然后用绷带包扎好。

除此之外，没什么特别原因，走路方式却很奇怪的话，很有可能是得了关节炎。看一下是哪只脚怎么活动时会疼，然后带到医院去治疗。

小田医生诊疗室

猫咪小的时候，对于骨骼成长非常重要的营养成分，如钙、磷、维生素D等缺乏的话，小猫咪就不能好好走路。

咨询一下医生，改善饮食生活，为猫咪提供营养均衡的食物，有耐心地进行治疗。

小笔记 止血剂对爪子出血非常有效，所以要事先预备着。

27 腹泻 一定要注意检查粪便

腹泻是常见症状，原因有很多。猫咪腹泻时，回想一下猫咪的日常生活及食物是否变换过，如果是请换回原来的食物。

 原　因

- 急性·慢性胃肠炎
- 病毒感染症
- 消化不良
- 胰脏炎
- 寄生虫症

 症状特征

若是因胃肠炎而腹泻的话，猫咪的粪便会稀得如水一般，或是散发着恶臭，如泥一般，并且便中带血。若是因胰脏炎而拉肚子的话，粪便会呈黄色或是带着恶臭的灰白色。

 如何治疗

胃肠炎除了由病毒感染导致外，不慎吃了有毒食物也会引发胃肠炎。这些情况下，肠道黏膜受伤了，所以会导致腹泻。

病毒感染症中有些是可以通过疫苗进行预防的（参考 24 页），所以一定要给猫咪接种疫苗。

【小专栏】

与新来动物的相处方法 3

与小动物共处？ 1

仓鼠、小鸟等小动物都是猫咪的捕食对象。所以，如果想把这些小动物和猫咪放在一起饲养的话，从猫咪小的时候开始养会比较好一些。猫咪可能会伤到这些小动物。

【小专栏】

猫咪的种类 27

欧洲缅甸猫（长毛 & 短毛）

毛色种类丰富，比起美国缅甸猫更具有东洋色彩。活泼好动，喜欢与人亲近，性格温顺。

诞生国：欧　洲

猫咪一般不会吞食异物，但一旦误食就会伤及肠胃。那些打扮猫咪玩的生活用品、碎片、骨片等异物不要放在猫咪待的地方，平日里多想一些预防对策。

慢性胰脏炎、胰脏或肝脏癌症也可能是致病原因。猫咪会出现呕吐、腹泻、食欲不振等各种症状，所以要马上带猫咪去医院。

吃太多或消化不良也要考虑一下。小肠内的东西增多的话，消化就会不充分，排泄的时候就会需要很多的水分。改善猫咪的饮食生活，咨询医生替换一下猫食，不要让腹泻再发生了。

得了球虫症或是鞭毛虫病等寄生虫病的话，猫咪会便中带血。这时要给猫咪服食驱虫剂。寄生虫病可通过定期检查猫咪的粪便来预防，所以一定不要忘记。

小田医生诊疗室

咨询医生时要详细地告知症状。腹泻前吃了什么食物，食欲或身体状况是否有什么变化，大便是否软稀，是否大便带血，大便是否呈黏稠状，腹泻的次数及大便的颜色等。

小笔记　在外面拉屎的猫要检查一下它肛门附近的脏东西。

28 粪便发红 有可能是肠道或肛门部位出问题了

粪便中混有黏液或血的时候可能是肠道或肛门部位出问题了。原因有很多，但还是早发现早治疗比较好。

 原　因

- 食物中毒
- 病毒感染症
- 胃肠炎
- 肛门囊炎
- 寄生虫症
- 中毒症
- 肿瘤

 症状特征

因病导致肠道黏膜受损的话，猫咪的粪便就会带黏液或血。把病治好了，其症状也就消失了。但多数情况下病情会比较急切，所以建议马上去咨询医生。

 如何治疗

因食物中毒或病毒感染导致肠道黏膜受伤的话，猫咪就会大便带血。也有可能是肠道中食物堆积造成的。

病毒感染症有些可以通过疫苗来预防（参考 24 页），但食物中毒的话，根据吃的食物不同病情也会有所不同，

【小专栏】

猫咪的种类 28

东奇尼猫（短毛）

东奇尼猫是暹罗猫和缅甸猫的杂交种。它活泼好动，好奇心强，机灵温顺，漂亮的眼睛令人印象深刻。

诞生国：缅甸

有些甚至是致命的。所以要赶紧带猫咪去医院。

肠道炎症有时会导致肛门囊炎并发。肛门囊是肛门处排泄分泌物的器官，该部位发炎就是肛门囊炎。此症状通过药物可治愈，所以马上去咨询医生吧。

球虫或鞭毛虫寄生在肠道内也是大便带血的原因之一。带猫咪去医院检便，施以驱虫剂即可驱虫。

灭鼠药中含有法华林成分，猫咪误食了灭鼠药，或者是捕食了吃了灭鼠药的老鼠，胃肠就会发炎。要十分注意药物的保管，以防这样的事故发生。

除此之外，肠道里长了肿瘤的话，肿瘤及其周围的出血和黏液就会混杂在粪便中。

小田医生诊疗室

粪便带血或带黏液，多是因重病而起，所以要马上带猫咪去医院。

另外，带猫咪去医院前喂它吃药了的话，要准确地告诉医生给猫咪吃了什么药。

小笔记 得了球虫症的话，做一下厕所消毒比较好一些。

29 拉不出屎 因便秘而苦恼的猫咪也有很多

便秘是由很多原因引起的，绝大多数的便秘可以通过灌肠或更换食物来治疗。但是，其中也有一些便秘是因重病引起的。

 原　因

- 便秘
- 巨结肠症
- 大肠疾病
- 肛门疾病
- 毛球症

 如何治疗

老是吃纤维少、易消化的食物就容易引起便秘。给猫咪吃点通便的药，或是在食物里掺点食物纤维、黄油、能够通便的食物可以改善便秘的症状。症状严重的话，可以实施灌肠治疗。

 症状特征

摆出要拉屎的样子，使足了劲却拉不出屎来。好不容易拉出点屎来还带血带黏液，有时还拉稀。另外，还会出现没精神，食欲不振、呕吐等症状。

【小专栏】

与新来动物的相处方法 4

与小动物共处？ 2

要想将成年猫和仓鼠、雪貂等小动物一起饲养，猫咪在小的时候有过和小动物接触的经验的话或许还好说。但是，猫咪会饶有兴致地逗小动物玩，这个可要多加注意啦。

【小专栏】

猫咪的种类 29

暹罗猫（短毛）

它有着苗条的身子细长的腿。主要特征是它那深蓝色的眼睛和重点部位的毛色。喜欢亲近人，向人撒娇。

诞生国：泰 国

巨结肠症是直肠、结肠肿瘤或异物等原因引起的。猫咪的结肠正常功能丧失，导致粪便在结肠堆积，结肠扩张或肥大。除了用通便药或灌肠进行治疗外，也可通过改善食物来缓解症状。但根据症状不同，有时还需要通过外科手术来治疗。

另外，肛门囊炎（参考 94 页）、前列腺肥大症等肛门周围疾病也可能是原因之一。摆出拉屎的姿势，使足了劲，屎还是拉不出来。粪便的水分在肠内被吸收了，往外拉的时候，粪便就变硬了。首先把致病根源找到治好，喂些适当的食物，便秘问题就解决了。

自己舔毛梳理毛的猫咪的消化管里，毛会堆积成毛球。现在有能够溶解体内毛球的食物，所以定期给猫咪吃这些食物就能够做到事前预防了。

小田医生诊疗室

厕所脏的话，猫咪就不想拉屎。所以要认真地打扫厕所，保持厕所整洁。

另外，运动不足也是便秘的原因之一，多发于室内喂养的猫咪身上。所以要尽可能多地抽出时间来和猫咪一起玩。

小笔记 是拉不出屎来，还是尿不出尿来，确认之后去医院检查。

30 尿液发红　可能是因为遇到事故或受伤

尿液发红，除了是因为泌尿器症候群造成的血尿之外，还有葱中毒造成的血色素尿，肝炎造成的胆红素尿等。

 原　因

- 肾疾病
- 膀胱炎
- 尿道炎
- 泌尿器症候群
- 肿瘤
- 中毒症
- 外伤

 症状特征

血尿是因肾脏、膀胱、尿道出血，血液进入尿液后出现的症状。根据病症和严重程度的不同，颜色会有从鲜红色到暗红色的不同。除因病流血尿外，中毒、磕碰、交通事故等也会造成出血。

 如何治疗

肾脏发炎后出血，猫咪就会尿血尿。肾炎有急性的，有慢性的，所以如果肾炎是诱发病因那就需要尽早治疗，要赶紧带猫咪去医院。

由尿道侵入的大肠菌感染会导致膀胱炎或尿道炎。另外，患有泌尿器

【小专栏】

猫咪的种类 30

斯芬克斯猫

它最大的特点就是没毛，像麂皮绒般的肌肤看上去是那么的淳朴。调皮淘气，性格开朗。

诞生国：加拿大

症候群的猫咪，会出现尿尿困难，尿液会滴答滴答地外漏，血尿等症状。经常给猫咪准备新鲜的饮用水可以起到预防的作用，但如果已经患病就需要专业的治疗，所以要马上带猫咪去医院。

除此之外，膀胱黏膜上的肿瘤出血会引发肾脏疾病、肾硬变。肝炎等会出现胆红素尿。误食农药、化学物质、葱类等也可能是猫咪出现血尿的原因之一。另外，因打架伤及阴茎也会出现血尿。无论是什么情况，治疗好引起出血的疾病是非常重要的。

尿液疾病多见于公猫。膀胱感染或饮食不当容易生成结石，所以要喂猫咪营养均衡的食物，并多加留意饮食生活。

小田医生诊疗室

虽说是血尿，但其中也是有各种各样的原因的，尽早找到病因进行治疗是很重要的。

特别要注意的是，公猫在尿血尿的时候不进行治疗的话，可能会导致尿不出尿。

小笔记 公猫有时会尿道闭塞，尽快给它治疗。

31 频繁去厕所 检查一下尿液

老是去厕所却尿不出尿来，这有时会是致命的。平日里仔细观察一下猫咪的状态。

原　因

- 膀胱炎
- 泌尿器症候群

症状特征

老是去厕所却尿不出尿来，即使尿出尿来也就只有几滴，猫咪在上厕所时会出现这种异常。要是觉得排尿的次数及猫咪的样子出现异常的话，那猫咪可能就是生病了。

如何治疗

膀胱炎是因感染了侵入尿道的大肠菌引起的。严重的话，猫咪会一整天待在厕所里，尿几滴尿就很痛苦。猫咪阴部被尿弄湿不清理干净的话就容易感染细菌，所以在猫咪排尿后注意一下它的阴部。

【小专栏】

和新的家人的相处方法 5

猫咪换了新主人或家里住进了新成员

和之前没有一起生活过的陌生人居住在一起的话，猫咪会感到害怕、厌恶。不要太在意猫咪的反应，花些时间让它慢慢适应。过一段时间后它就会靠近你的。

另外，厕所环境不好的话，猫咪就无法安心地排尿。所以，把猫咪的厕所安置在安静的阴暗的屋子角落里，

【小专栏】

猫咪的种类 31

埃及猫

它给人最深的印象就是身上的斑点花纹。它有着圆溜溜的眼睛和一副忧心忡忡的表情，但其实个性独立，性格活泼。

诞生国：埃及

并保持厕所的整洁。厕所的污秽会滋生细菌。

泌尿器症候群（FUS）是因多重原因使得尿道中产生结晶或结石而引起的疾病。尿道受阻，尿液就会汇集在膀胱里，置之不理的话会产生食欲不振、呕吐、腹痛等，恶化成尿毒症，甚至死亡。

通过早期治疗，大多数症状可治愈，但不施以适当的治疗的话，症状多会复发。让猫咪常饮新鲜的饮用水，保持厕所清洁，适度运动，这些日常的关心照顾非常重要。

另外，尿不出尿的话，尿意也会消失。置之不理的话，膀胱膨胀会压迫其他内脏和血管，还有可能会并发二次疾病。马上咨询医生，寻找尿不出尿的原因后开始治疗。

小田医生诊疗室

无论是公猫还是母猫，它们患泌尿器症候群的概率是一样的，但尿道闭塞更容易在公猫身上发生。当猫咪得了尿道闭塞症时，需要马上找医生去治疗，所以主人要仔细观察尿液的状态，一旦发现异常就马上带到医院去。

小笔记 把猫咪尿液的颜色告诉医生有助于开展早期治疗。

32 在厕所外方便　可能是无法自控

厕所问题有很多原因，但其中也有用气味做标记的可能。

 原　因

- 膀胱炎
- 泌尿器症候群
- 做标记

 症状特征

排尿的次数在增加，但量却越来越小。在厕所外大小便，可能是因为大小便无法自控，所以会尿失禁。另外，每年 2～4 次的发情期里，猫咪可能还会用尿液的气味来做标记。

 如何治疗

排尿出问题可以考虑是否是膀胱炎、泌尿器症候群（参考 90 页）等疾病造成的。

刚开始的时候，你会注意到排尿次数增多，但量却在减少，慢慢地猫咪就会在厕所外小便。

得了膀胱炎的话，膀胱里会有

尿，所以会出现尿失禁的症状。

总之，无论是什么情况下，治

【小专栏】

猫咪的种类 32

欧西猫

它的身子与众不同。贪玩，好奇心强，喜欢和人在一起。它不能忍受孤独。

诞生国：美　国

病根源，让猫咪饮用新鲜的水，保厕所清洁。

另外，交通事故中脊髓受损的猫以及有憋尿习惯的猫咪也可能会出尿失禁症状。有时，猫咪还会因压而出现遗尿。

为了不让猫咪憋尿，要保持厕所洁，为猫咪创造一个可以随时撒尿环境。生活环境的改善也是非常重的。

另外，猫咪一年会有2～4次的情期。无论是公猫还是母猫，为了留下气味，它们会在很多地方撒尿。这种情况下可以通过阉割或绝育手术来解决问题。

小田医生诊疗室

撒完尿后舔舐阴部或白带的猫咪有可能会得牙龈炎或牙槽脓肿发炎等口腔内感染病，所以要多加注意啦。

平日里就要用牙刷或纱布给猫咪刷牙，按摩牙龈等，这些都很重要。

小笔记　发情期要特别注意猫咪会撒尿做标记，要是撒尿撒到客人的行李上就糟糕啦。

33 在地板或地面上蹭屁股 应该是肛门附近有异常

特别在意自己的屁股，总是舔来舔去的，或是在地板或地面上蹭来蹭去的，这是猫咪屁股受伤或是出现某些异常的证据。

 原　因

- 肛门囊炎
- 腹泻
- 寄生虫病
- 打架造成的外伤

 症状特征

肛门囊发炎会让猫咪特别在意自己的屁股，因肛门囊炎会伴有疼痛感，猫咪不断舔舐，及在地板或地面上蹭屁股。另外，打架时尾巴被咬的话，猫咪也会非常在意，也会出现同样的症状。

 如何治疗

肛门囊就是肛门两侧的器官，它也被叫作肛门腺，会排出有气味的分泌物。据说，不同的猫咪排出的分泌物的气味也不同，这在猫咪识别对方时发挥着作用。

【小专栏】

和新的家人的相处方法 6

有了自己的孩子时

当主人有了自己的孩子，他和猫咪在一起的时间就会减少，这时猫咪会做出一些有问题的举动。要尽可能地挤出时间来抱抱猫咪，抚摸一下它，即使是很短的时间。如果猫咪心情平静的话，它和孩子之间应该能够营造出比较和谐的关系。

肛门囊炎就是肛门腺处于发炎状态，是肛门囊中汇集的分泌物被细菌感染造成的。置之不理的话，肛门附近会化脓，肛门囊破裂。所以一旦

【小专栏】

猫咪的种类 33

孟加拉猫

它的毛浓密柔软，色泽艳丽，令人印象深刻。独立，好社交，但也有端庄娴静的一面。

诞生国：美 国

疑猫咪得了这种病的话，赶紧咨询一下医生。要想预防这种疾病的话，平时就要保持肛门附近干净清洁，定期去医院挤一下肛门囊。

另外，肛门附近痒的时候，猫咪也会在地板或地面上蹭屁股。在出现这种情况时，你要多留意下猫咪的情况，如果得了寄生虫病，出现腹泻等症状时，你会看到绦虫等寄生虫从肛门排出。猫咪不停乱蹭可能会弄伤自己，如果受伤的肛门及其周围皮肤发生感染，这种情况下，找医生咨询一下比较好。

猫咪之间打架，因尾巴或尾巴根被咬而受伤时，猫咪就会特别在意而在地板或地面上蹭屁股。这样的话，伤口处会发炎，进一步恶化的话还会诱发其他疾病。

猫咪讨厌被人碰尾巴，所以先把猫咪带到医院去处理一下伤口吧。

小田医生诊疗室

屁股附近的疾病多是因不卫生引起的，治疗起来也非常花时间。

平时一定要注意保持清洁卫生，多留意一下猫咪的粪便、尿液及屁股，一旦发现异常就赶紧带到医院就诊。

小笔记 尾骨弯曲的猫咪尾巴根容易受伤。

医生的总体建议

＜一旦发生状况时能够派上用场的小物品＞

当你感觉猫咪样子异常时，在联系医生之前做好你能够做的事情吧。因此，我在这里为大家介绍一些用起来很方便的小物品。

洗衣网

在带生病或受伤的猫咪去医院的时候使用。将猫咪放进洗衣网里后，用手提袋把它带到医院。在医生面前，猫咪会因为恐惧而不从手提袋里出来。一边观察猫咪的状态一边将它从手提袋里抱出来的时候，以及医生进行治疗的时候，把猫咪放到洗衣网里会比较顺利。

体温计

准备一支动物专用体温计。猫咪的体温通过将体温计插进肛门来测量。正常温度在38℃左右。

绷带（纱布、毛巾）

受伤或骨折的时候，要是有绷带的话就会很方便，也可以用纱布或毛巾来代替。

剪刀

清理毛球或受伤进行应急处理时，剪刀是必备物品。

指甲剪

人用的指甲剪也可以用，但最好还是准备猫咪用指甲剪和指甲锉。顺便备好止血剂，一旦出现问题时就会方便得多。

刷子或梳子

给猫咪做清洁梳理时必备物品。备有齿宽的梳子和能够做皮肤按摩的刷子的话不是挺不错的吗。

手提袋

这是出门或去医院的时候必不可少的物品。有些猫咪讨厌手提袋，所以考虑猫咪的性格后进行选择吧。

青草

爱干净的猫咪在舔舐身体时会把身上的毛吞到肚子里。青草不仅可以让猫咪吐出之前吞进肚里的体毛，其中还含有猫咪必需的营养素——叶酸。

棉棒

清理耳朵时需要用到棉棒。清理耳朵还能够预防耳朵疾病。

药

内服药要根据医生的处方喂食。受伤需要消毒的时候，咨询一下医生会好一些。猫咪对药物很敏感，所以喂药的时候要十分注意啦。

第二章

（糟了！）发生事故或遭遇突发事件时

1 发生交通事故 即使是在室内饲养的猫咪也不可大意

自由外出的猫咪遇到交通事故的可能性非常大。走路方式奇怪或样子异常时，就要怀疑一下是不是遇到事故啦。

症　　状

- 外伤
- 骨折
- 内脏破裂
- 横膈膜疝

事故特征

交通事故多在主人不留意的时候发生。样子与平时不一样的时候，走路方式奇怪的时候，不回家的时候，遇到交通事故的可能性较高。这时，主人要冷静，马上与医生取得联系。

去医院前的准备

不仅是在外饲养的猫咪，即使是室内饲养的猫咪也有很大可能遇到交通事故。轻度事故的话，主人可能会注意不到，所以平日里要多多留意猫咪是否有什么异常。

【小专栏】

这种时候该怎么办？

猫咪也需要被人带着？

饲养在外的猫咪很多会在交通事故中丧命。为了减少这种不幸，把猫咪带到外面时给它找个人带着会比较安全一些。饲养在室内的猫咪在家中就能够幸福地生活，所以没有必要硬带它出去散步。

【小专栏】

了解那些带有猫咪的语句 1

把拾物昧起来（ネコばば）

ネコ（neko）是猫，对于“ばば”的解释有两种说法，一说可将“ばば”看作“老婆婆”，一说将其看作“粪便”。前者是说江户中期，住在本所的一位喜欢猫咪的老婆婆贪得无厌，把别人委托给她的东西据为己有。后者是说猫咪拉完屎后用后脚刨沙把粪便埋起来，以此代指隐藏做过的坏事装作不知的行为。所以后者的解释比较好一些。

遇到事故受伤严重的猫咪会非常亢奋不安，性情暴躁，乱咬东西。这时，先观察猫咪的样子然后把它放到洗衣网里。这样，给慌乱的猫咪做应急处理的时候，带猫咪去医院进行治疗的时候都会比较顺利。

在遇到事故出血的情况下，在带猫咪去医院前，先用毛巾或纱布压住伤口进行止血。出血过多是会致命的。

没有肉眼能够看到的伤口的话，主人就会放下心来，但还是会有骨折或脱臼的可能。发生事故后，观察一段时间，一旦出现什么异常，就要尽早带到医院去接受检查。

走路拖拉着腿或是无法行走的情况下，骨折的可能性较大。不要强硬地找伤患处，也不要强行移动，尽可能地保持身体不动，迅速带到医院去。

撞车的话，胸腔、腹腔、脑部会出现异常，也有可能出现内脏破裂或横膈膜疝。在这种分秒必争的情况下，一定要尽快带到医生那里。

小笔记　即使是饲养在家的猫咪，为了以防万一，还是给它带个姓名住址牌以防走失。

2 从阳台摔落 这可是性命攸关的事情

猫咪会在树上或屋顶上跳来跳去的，但是从公寓等较高的地方摔下来的话可能会骨折的。

 症　状

- 骨折
- 碰撞
- 内脏破裂

 事故特征

从高处摔下来的话，头部会向下伸出，所以下巴会撞到地面，牙齿撞断，下巴破裂。另外，猫咪精神上会受到巨大冲击。

 去医院前的准备

首先观察一下猫咪的样子，让它平静下来。遇到事故后的猫咪会很亢奋，即使是主人也可能会咬上去。

平静片刻后，把猫咪放进洗衣网里，网口微张，迅速进行应急处理。

【小专栏】

这种时候该怎么办？

猫咪只能生活在室内吗？

猫咪的势力范围是个能够确保食物供应，应该能够让它安心的地方。所以，在家里有这样一个地方的话，猫咪就能够幸福地生活下去。要是有个能看到外面风景的窗户，能藏东西的黑暗的地方，能够攀爬的架子等的话就更好啦。

【小专栏】

了解那些带有猫咪的语句 2

不论张三李四，不管什么东西（ネコも杓子も）

勺子指饭勺，意味着每个家庭都会有的东西。而猫咪呢，正如平安朝的清少纳言在《枕草子》中描述的天皇的爱猫一样，比起狗狗来，猫咪更受珍视。因此，将大众的勺子和贵重的猫咪放在一起，意味着“不管什么东西”“不论张三李四”。

鼻子周围出血的话，小心翼翼地把血擦干净，用纱布或毛巾盖在出血的地方。如果出血较多的话，就用毛巾等压住伤处，用胶条止血，然后迅速带到医院去。

牙齿断裂或下巴破裂的可能也是有的。不要强行扒开猫咪的嘴巴来确认症状，轻轻地抱起来带到医院去。失去意识或是一动不动可是相当危险的状态。

内脏也有可能会破裂，但是这从外表上是很难发现的症状。所以即使摔下来没有外伤也要尽快带到医院去接受检查。

当然，防止这种事故发生是很重要的，这自不必说。猫咪多是爬到公寓阳台，从栏杆上摔下去的，所以阻止猫咪爬栏杆可以在一定程度上防止事故发生。

即使是从不太高的地方摔下去，骨骼也会出现异常。重新审视一下生活环境吧。

小笔记　在公寓里饲养猫咪的话，不让它外出也是一种预防方法。

撞到门上，尾巴被夹到　这些都是由于日常生活中不注意引发的事故

没留意到猫咪的存在，砰地一声把门关上时就会撞到猫咪，或是夹到猫咪的尾巴。这种事故是经常发生的。

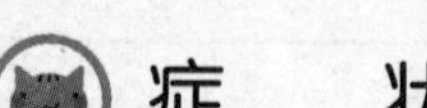

症　状

- 碰撞
- 挫伤
- 骨折
- 脱臼
- 内脏破裂
- 眼球损伤
- 尾巴外伤或骨折

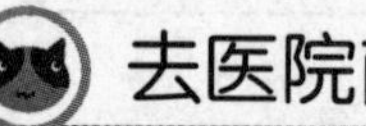

去医院前的准备

受到冲击的猫咪会异常兴奋，脾气暴躁，甚至咬人。

观察猫咪一小会儿，让它慢慢平静下来，然后把它放进洗衣网里。

事故特征

没有留意到在屋子里跑来跑去的猫咪而将门关上时，猫咪撞到门上，会出现磕碰、骨折等，因门的冲击眼球甚至会跳出来。另外，尾巴被门夹住的话，可能会出现骨折。这些都是只要平时注意就能预防的事故。

【小专栏】

这种时候该怎么办？

尾巴断了也不要紧吗？

在意想不到的事故中，有时你不得不把猫咪的尾巴切断。尾巴断了不会出什么事吧？你可能会担心。但你若置之不理的话，尾巴尖可能会腐烂掉，所以按照医生的判断，还是切断尾巴会更好一些。

【小专栏】

了解那些带有猫咪的语句 3

吃鱼的猫不抓，舔盘子的猫反而被抓（皿なめたネコが科を負う）

吃了盘子里的鱼的猫咪跑掉了，后来过来舔盘子的猫咪被抓住受罚，以此比喻犯罪时不抓主要人物，只抓一些小人物接受惩罚。相似的表现还有“吃米的狗不打，吃糠的狗反而被打”等。

猫咪撞到门上时，可能会磕碰到，挫伤，骨折或者脱臼，出现站不起来、动弹不了等可看得出的症状。尽量不要动猫咪的身体，轻轻地带到医院，尽快开始治疗。

血管破裂或内脏破裂的情况下，猫咪除了没有精神外，外表上看不出什么状况来。事故发生后，即使猫咪恢复正常状态，也要带到医院进行检查。

眼球突出来的话，赶紧带到医院，通过医生治疗，可以恢复回去。这种时候，主人不要慌，把猫咪带到医院去就行啦。

被门夹到的话，尾巴可能会骨折。赶紧带到医院去，进行 X 光检查。尾巴骨折很多时候是无法治愈的，尾巴有时会腐烂化脓。这时，根据医生的判断，切断尾巴也许会好些。

最近，在自动门旁玩耍的猫咪被夹到尾巴的事故比较多。住在有自动门的公寓里的主人一定要多加注意啦。

小笔记 自动门是猫咪喜欢的玩耍场所之一。

被蜜蜂蜇，被蛇咬 这些可都是致命的事故

像蜜蜂、蛇这种动物，只要你老老实实地待着，它们是不会加害你的。但是因为好奇心作祟而靠近蜜蜂或蛇的猫咪就有发生事故的危险了。

症　　状

- 脓肿
- 呕吐
- 休克
- 麻痹
- 外伤
- 发烧
- 痉挛

事故特征

被蜜蜂蜇了，或是被蛇咬了，受伤的部位会肿胀起来，还会出现疼痛、呕吐、发烧、休克等症状。有时还会出现痉挛、麻痹等症状，甚至死亡。

去医院前的准备

“脸看起来像是肿了……”在医院给猫咪进行检查时，诊断结果有时会是被蜜蜂蜇了。

像这样，当你看到猫咪的脸和爪子不明原因地肿起来的话，可能就是被蜜蜂蜇了。

当然，蜜蜂有毒，被它蜇了的话，身上就会肿胀疼痛，有时还会出现痉挛、呼吸困难等非常严重的症状。

【小专栏】

这种时候该怎么办？

用口把毒吸出来？

还是不要这么做比较好。伤口也是不碰为好，因为毒可能会进入人的身体。要是猫咪被蛇咬的时候你正好在现场的话，记住蛇的特征以便告知医生。

【小专栏】

了解那些带有猫咪的语句 4

会捉老鼠的猫不叫（鳴くネコ、ネズミ捕らず）

喜欢叫的猫咪不捉老鼠，由此代指话多、总是宣传自己的人并不干实事，发挥不了实际作用。还有“咬人的狗不叫”“喜欢叫的狗不咬人”等几个类似的表达。

把猫咪放进洗衣网中，马上带到医院去，早治疗早恢复。

被蛇咬的情况下，也会不明原因地出现痉挛、呼吸困难、休克等症状。

要是被毒蛇咬了之后不紧急应对的话，猫咪可能会死。发现猫咪有异常就赶紧联系医生，尽快开始专业治疗才有利于早恢复。

好奇心旺盛的猫咪对蜜蜂或蛇特别感兴趣，会闻着气味去找，所以老是会被蛰或被咬。蜜蜂从春天到秋天非常活跃，蛇一到夏天就活跃起来。在蜜蜂或蛇较多的地域，这些时期要多加注意，留心不要发生事故。

小笔记 碰到蜜蜂或蛇的时候老老实实地过去就行啦。

吃了有毒食物 确认吃了什么

吃了有毒食物的话，会出现剧烈的腹痛、呕吐、腹泻、痉挛等多种症状。主人要冷静下来，赶紧带猫咪到医院去。

症　　状

- 流口水
- 呕吐
- 腹泻
- 痉挛
- 腹痛

事故特征

猫咪有时会吃沾有杀老鼠或害虫的驱虫剂、撒在盆栽或地里的除草剂的草，或是吃了防腐剂、洗餐具的洗涤剂、烟蒂等不是食物的东西。平日里就要多加注意，猫咪的视线范围里不要放置有毒物、危险物，这样就可以预防事故发生。

去医院前的准备

吃的东西不同，发生的症状也会不同。一般猫咪会突然间呕吐、腹泻、流口水。不仅如此，有时猫咪的样子会骤变。

猫咪痉挛或是看起来筋疲力尽的话，把猫咪放进洗衣网里，马上带到医院去。带着可疑食物去，这样能够迅速地进行适当的治疗。

【小专栏】

这种时候该怎么办？

不要让猫咪靠近危险物品

为了不让猫咪接近有毒物品，可以使用带有猫咪厌恶气味的躲避剂。但是，这不过是最终手段，不要把防腐剂或洗涤剂放置在猫咪的视线范围内，养成这种习惯是很重要的。

【小专栏】

了解那些带有猫咪的语句 5

猫咪是艺妓转世（ネコは倾城の生まれ変わり）

“倾城”是艺妓的意思，此句的意思就是说猫咪的前世是艺妓。因为接客的艺妓的动作和猫咪相似，艺妓还弹着猫皮做成的三味线（日本的一种弦乐器）跳舞，所以出现了这样的俗语。“女子的心如同猫咪的眼变幻无常”等把猫咪比作女性的词句很常见。

要是不能迅速地带猫咪去医院的话，就先用温水泡过的纱布或脱脂棉轻轻地擦拭猫咪的嘴巴周围。此时，将猫咪放进洗衣网里，以便应急处理可以顺利地展开。主人也要戴上橡胶手套或围裙，防止中毒。

不要强行让猫咪把吃进去的东西吐出来。猫咪想喝水时就让它喝。根据吃的有毒物的量不同，猫咪的状态变化或致命程度也是不同的。请尽可能快地带它去医院接受专业治疗。

误食盆栽肥料或除草剂的情况也有很多。对于自由出入的猫咪来说，预防起来相当难，但像驱虫剂、防腐剂、清洁剂、烟蒂等一样，要充分考虑室内存放肥料、除草剂的地方，不要让猫咪靠近，这一点是很重要的。

小笔记 吸完的烟蒂要马上处理掉，检讨一下自己的生活习惯。

6 被踩到，被踢到 特别是对于幼猫要多加注意

在厨房收拾做饭的时候，注意不到猫咪而踩到等，这些都是因主人不注意而造成的事故。

症　　状

- 挫伤
- 内出血
- 骨折

事故特征

喜欢和主人玩耍的小猫在脚旁玩耍时没有被注意到，不经意踢到或是踩到在被窝里或被炉里睡觉的猫咪，这些都是日常生活中经常发生的事故。事故导致挫伤、内出血，有时甚至会骨折。

去医院前的准备？

多数人都觉得踩到或踢到可爱的宠物是不可思议的事情，但不经意间就会发生这些事故。

踩到猫咪的话，猫咪可能会骨折。踢到猫咪的话，虽然到不了骨折的程度，但可能会引起挫伤、内出血。

【小专栏】

这种时候该怎么办？

让它知道什么事情不该做？

猫咪不像狗狗，你训斥它它也不明白。所以，在培养猫咪的习惯时，让它养成习惯知道哪些事情是不该做的，这很重要。“喂！”“不行！”等，在制止猫咪的行动时可以这么吓唬它。

【小专栏】

了解那些带有猫咪的语句 6

即使没有老鼠，也绝不能养不捉老鼠的猫
（ネズミ無きをもつて捕らざるのネコを養うべからず）

即使没有老鼠，也绝不能养不捉老鼠的猫，由此比喻不养那些没有能力没用的人。此句出自《鹤林玉露》（南宋罗大经撰的笔记集）。这告诉大家古时人们主要是为了捉老鼠而养猫。

观察一小会儿，检查一下猫咪身上有没有疼的地方。

如果猫咪因疼痛而异常兴奋，就先将它放进洗衣网里，这样给惊慌的猫咪做应急处理或是带到医院接受医生治疗的时候都会比较顺利。

要是疼痛的部位比较明显的话，不要碰那个部位，静静地抱着它去医院。

被踩到或被踢到后，即使过一会儿猫咪又开始玩耍起来，它身上也可能会有看不到的伤。即使是哪里也不疼，也让它安静 2 ~ 3 天。有时，随着时间的流逝，你会发现它走路拖拉着腿，没有精神等。

这些都是在日常生活中不经意间发生的事故。所以，在厨房或浴室做家务时，进被窝或被炉时，要养成习惯，事先确认一下猫咪在不在身边。

小笔记 猫咪还小的时候，要经常确认它身在何处。

7 吞食异物 可能会导致呕吐或食欲不振

这是在那些喜欢玩东西的小猫身上容易发生的事故。当发现猫咪吞食异物后，不要强行取出而是要采取适当的应对措施。

症　状

- 异物滞留在胃肠中
- 呕吐
- 食欲不振

事故特征

猫咪是种会通过自身生理调节呕吐异物的动物，即使吞食了异物吐出来的可能性也很大。但是如果没能自己吐出，喉咙里有异物阻塞，就会出现咳嗽、想吐吐不出来、食欲不振等症状；有时异物还会滞留在胃肠中。这样可是十分危险的。

去医院前的准备

吞食异物的猫咪会“喀喀”地咳嗽，想要吐出异物，看起来像是呕吐一般。

要是猫咪想要吐却吐不出来，痛苦地咳嗽着的话，让它喝点浓盐水，这样差不多就能吐出来了。

【小专栏】

这种时候该怎么办？

让猫咪饮用医生开具的处方药

要想让猫咪把医院开具的处方药好好地喝掉可是相当难的。但是一点点地混到食物里让它吃掉就会容易得多。要是猫咪闻出药味不想吃的话，还有一招，那就混到平时的点心里。

【小专栏】

了解那些带有猫咪的语句 7

店内不赊账（ネコの金玉お断り）

猫咪的睾丸在屁股上能看得到。由此代指餐饮店里不能赊账，不能打白条。有玩心的店主在店前的鱼糕板上写着这句话，可是不知何时起就再也看不见了。

即使吐了也没把异物吐出来的话，观察一下猫咪的样子，让猫咪朝下看，打开它的嘴巴看一下。

但是，多数情况下，猫咪会讨厌地跑掉，或是脾气暴躁起来。这时就不要强行张开它的嘴了，马上把它放进洗衣网里，带到医院里去。

异物滞留在肠胃中或是因异物中毒也是有可能的。一旦发现异常，尽早带到医院去接受医生诊断。

嗓子里塞了什么东西，咳嗽得想吐，这也可能是其他病情造成的。要是听到猫咪奇怪地咳嗽，要尽快把它带到医院去咨询一下医生，或许能够尽早发现一些意想不到的疾病。

另外，猫咪可能会像梳理毛一样舔毛线球、口衔毛线球，有时会把毛线吞进肚子里。虽然这种情况很少发生，但还是要多加注意。

小笔记　看一下猫咪吐出来的东西，要是是家用品的话，在存放地点上可要下点功夫，别再被猫咪吃下肚啦。

8 碰到蟾蜍 多注意一下眼睛和口周围

从初春到初夏这个蟾蜍出没的时期会发生这个事故。碰到蟾蜍的话，猫咪的眼睛和嘴周围会出现一些症状。

症　状

- 流口水
- 脑袋和身体晃动
- 麻痹
- 呼吸困难
- 痉挛
- 眼睛异常

事故特征

猫咪碰到蟾蜍后，会出现流口水，摇脑袋晃身子、身体麻痹或呼吸困难等症状。蟾蜍事故多见于狗狗，但一旦感到猫咪的嘴和眼睛周围有异常，就要多注意了，因为猫咪也会有发生此事故的可能。

去医院前的准备

碰到蟾蜍后，猫咪会流口水、摇头、痉挛、眼睛异常等。

发生事故后，猫咪可能会异常兴奋，观察一下猫咪的状态，首先让它冷静下来，然后将它放进洗衣网里开始应急处理。

【小专栏】

这种时候该怎么办?

对猫咪来说棘手的小动物?

除了蟾蜍外，吃了蜥蜴的尾巴，猫咪也会出现中毒症状。如同碰到蟾蜍一般，流口水、呕吐、摇头、走起路来晃晃悠悠的。

【小专栏】

了解那些带有猫咪的语句 8

只管他人瓦上霜，不顾自家门前雪（たくらだネコの隣歩き）

たくらだ是一种类似于麝香鹿的动物，据传狩猎的时候经常会被误杀，在此有愚钝之意。愚钝的猫咪去邻家玩耍时顺便捉老鼠，到了自己家里却不捉老鼠了，以此比喻那些只管别人家的事，不顾自家事的行为。

做应急处理的时候，轻轻地抱住猫咪，用在温水里浸泡过的纱布或脱脂棉，将眼睛和口周围擦拭干净。

然后，用毛巾包住猫咪，为猫咪保温，带到医生那里迅速进行治疗。

接触蟾蜍后，猫咪还可能会失去意识。马上联系医生，轻轻地送到医院去。

另外，吃了蟾蜍吐出的白色液体的话，猫咪也会中毒，可能出现呼吸异常、身体麻痹，甚至痉挛等症状。迅速带到医院进行专业治疗。

蟾蜍等小动物是猫咪喜欢的玩耍对象。对于经常外出的猫咪来说，预防很困难。但从初春到夏初蟾蜍出没的这段时期里还是要格外注意。

小笔记　即使眼睛有异常，也绝对不要给猫咪用人用的眼药水。

9 鱼钩扎到身上了 不要硬拔，赶紧送往医院

鱼钩上有弯钩，一旦被扎难以拔除，容易弄伤身体。马上带到医院，让医生帮忙拔下来。

症　状

- 鱼钩扎到嘴或爪子上
- 误吞食鱼钩

事故特征

这种事故多发生在那些对什么都感兴趣的小猫咪身上。玩耍或口衔带有鱼腥味的天蚕丝（钓鱼用的线）时，被尖锐的鱼钩刮到，想吃钓到的鱼时把鱼钩也一并吞了进去。另外，在外玩耍时，靠近那些正在钓鱼的人也会发生这种事故。

去医院前的准备

鱼钩上带有J字形弯钩。当猫咪玩耍带有鱼腥味的钓鱼线时，鱼钩可能会钩到猫咪的眼睛、舌头、嘴巴周围以及爪子等。

扎到鱼钩的话，不要强行拔除，让因疼痛及受惊而亢奋不安的猫咪先冷静下来，然后放进洗衣网里，马上送到医院去。

小专栏

这种时候该怎么办？

线状物露出来的时候

当吞食鱼钩、缝衣服的针、线状物后，嘴巴或肛门会有线状物露出来。针可能会扎进胃肠里，所以不要强行拽出来，赶紧送到医院去。

【小专栏】

了解那些带有猫咪的语句 9

虎口送肉（かつお節をネコに預ける）

在猫咪身边放它最喜欢的干鱼，以此比喻制造犯错的可能性。被诱惑驱使容易犯错或者说有犯错的危险。在关于猫咪的故事成语中，我们看到有很多表现出了猫咪贪玩的性格。

拔针的时候，医生会用麻药，这是为了防止猫咪暴跳伤及皮肤。拔出针后，根据医生的判断，有时会给猫咪注射催醒剂。所以要认真听医生的判断和说明。

有时吃钓到的鱼时会把鱼钩吞到肚子里。这种情况属于紧急情况，请马上把猫咪带到医院去。因为吞下去的鱼钩会扎到嘴里或胃肠上，导致口腔内出血或是伤及内脏。

另外，不仅仅是钓鱼工具，缝衣服用的针、钉子、图钉等都会伤到猫咪。这些危险品一定不能放置在猫咪待的屋子里。

但是，万一发生事故，不要强行拔除，要马上带到医院去。主人若强行拔除的话，多数情况下反而会加深伤痛。

小笔记 即使是看起来好拔的针也还是到医院去拔比较让人放心。

10 呼吸痛苦，情绪不安 首先确认呼吸状态

用爪子挠脸、吐青白色舌头、表情痛苦、失去意识、窒息，这可是紧急事态。

 症 状

- 呼吸困难
- 意识不清
- 心跳停止

 事故特征

遭遇交通事故或高处摔落引起横膈膜疝，就会出现呼吸困难的症状。食用有毒物会导致窒息，猫咪会用爪子挠脸，口中泛白，非常痛苦并失去意识。另外，因其他疾病也可能会导致失去意识。

 去医院前的准备

首先，把耳朵贴到猫咪胸前，确认心脏是否还跳动。

要是还有心跳的话，就赶紧送到医院去。运送的时候把猫咪放到洗衣网中。

【小专栏】

这种时候该怎么办？

应急处理前需注意的事情

应急处理就是在医生等专家实施治疗之前，为减轻痛苦而采取的行为。主人不要惊慌，先让猫咪冷静下来，止血等，做一些可以做的事情。

【小专栏】

了解那些带有猫咪的语句 10

口不应心（ネコの魚辞退）

猫咪推辞掉喜欢的鱼说不需要。由此比喻心里是想要的，但口头上却拒绝，口不应心。另外，也比喻昙花一现。表现猫咪冷酷性格的词句还有“假装(ネコをかぶる)”“养猫3年恩，转头3日忘（ネコは3年の恩を3日で忘れる）”等。

心跳停止的话，马上带到医院去。那时，先在猫咪胸口附近按压几下。有时这么做可以让猫咪恢复心跳。

猫咪失去意识、停止呼吸的话，除了一些事故原因外，吃了有毒物也是有可能的。

首先打开猫咪的嘴巴看一下，然后靠近闻一下。要是有有毒物的气味或恶心的气味，那中毒的可能性就比较大。搜一下倒下的猫咪旁边有没有有毒物。要是能确定毒物是什么，把它带到医院去，这样有利于早期治疗。

除此之外，猫咪也会因病而失去意识，呼吸停止。糖尿病、低血糖症候群、脑外伤、热射病（因高温引起的身体机能失调）等都可能是病因。无论是什么原因，呼吸停止是紧急事态，赶紧带到医院去接受专业治疗。早治疗早恢复。

小笔记　猫咪脾气暴躁，没法做应急处理的话，就直接送到医院去。

医生的总体建议

＜医术高明的医生所关心的问题＞

因疾病或事故把猫咪带到医院里去的时候，主人会比较慌张，不能正确地告知医生一些相关信息。

但是，如果不能准确地传达猫咪的现状，就不能进行准确的治疗。去医院的话，医生会问以下问题，所以主人要沉着应答。

1 猫咪的现状?

首先，医生会问猫咪的状态。“有点腹泻”“没有食欲”等，具体地说一下你观察到的症状。

2 症状是何时出现的?

即使表述得不很准确，“大约从 1 个月前开始”“这 2 ~ 3 天开始咳嗽”这种表述也是可以的。

3 为什么会出现这种症状?

即使不知道直接原因，“1 周前给它换了食物”“上周末全家出去旅游，把猫咪自己留在家里了”等，想到的都要告诉一声。然后慢慢回想一下到今天为止的经过，说给医生听。

4 具体出现了什么症状?

比如“吃完饭后就腹泻”“尿里带血”等，说一下具体的症状。另外还要说一下什么时间段出现了症状，症状持续了多长时间等。

5 之前有过病史吗?

医生还会问猫咪之前的病史。因为病史可能会和现在的症状有关，所以要正确地告知医生。这时，告诉医生过去用过什么药也很重要。

6 生活在什么样的生活环境里?

宠物的生活环境也会成为病因。将猫咪与其他宠物一起饲养的话，那会成为猫咪的一种压力，从而出现什么疾病。

7 最后有什么担心的事情吗?

如果还有其他在意的事情的话也要说一下。那也可能成为病因之一。

第三章

（就这么做！）突发事故的应急治疗

因打架而负伤 发情期要格外注意

争地盘或是情敌相争过程中，公猫可能会受伤。不赶紧做应急处理的话，伤口会化脓。

症 状

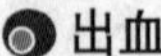

- 出血
- 外伤
- 化脓
- 细菌感染

事故特征

猫咪之间打架导致咬伤、抓伤，伤口出血。猫咪的嘴巴及爪子里有很多细菌，所以细菌由伤口侵入会导致化脓。争地盘、或在一年里2～4次的发情期中常见的母猫争夺战中负伤回家时，迅速地做一下应急处理。

做这样的应急处置

受伤的猫咪多会兴奋。观察一会儿，让猫咪先冷静下来。然后将猫咪放进洗衣网里。若是发现伤口，观察一下猫咪的状态后，用浸过温水的纱布或脱脂棉轻轻地擦拭伤口，然后用宠物用消毒药或家里有的消毒药进行消毒。要是猫咪厌烦不配合的话，不要强行做应急处理，带到医院里去。

【小专栏

有了这些应急物品就好啦

消毒药

受伤时使用的消毒药可以从动物医院或宠物商店里买到。另外，家庭用消毒药也可用来做替代。但是，猫咪不喜欢吃药，咨询一下经常就诊的医生，使用医生开的处方药会比较好些。

【小专栏】

猫咪的营养学

猫咪是肉食动物

猫咪是肉食动物，比起人类来，猫咪需要摄入更多的蛋白质和脂肪。虽说如此，要是只给猫咪吃生鱼片、肉等的话，营养的均衡就会被打破。市场上销售的猫粮含有猫咪必需的营养成分，可以好好利用。

出血严重的情况下，用毛巾或纱布压住伤口来止血，然后尽可能快地送到医院接受治疗。

猫咪间的咬伤或抓伤容易引起细菌感染。有时，表面上的伤口治好了，内里却会化脓。以为伤口治好了，被咬的地方却肿了起来。这种时候，就不得不用外科办法来治疗了。所以即使应急处理治好了伤口也还是要把猫咪带到医院，接受医生诊断。

猫咪打完架回到家后，给它喂食一点抗生素或许能够预防患处脓肿。请咨询一下医生吧。

小笔记 猫咪外出2～3天的话，回来后要好好检查一下猫咪身体是否有异常。

2 剪指甲时出血了 剪指甲时注意不要剪错部位

自由出入的猫咪的指甲还是不剪为好。给饲养在室内的猫咪剪指甲的时候要格外注意啦。

症　状

- 剪了指甲上有血管的部分而出血
- 伤口化脓

受伤特征

给猫咪剪指甲时，不是剪了指甲前端半透明的部分，而是剪了有血管的部分导致出血。一旦出血，猫咪就会痛得到处乱跑，甚至暴跳。剪指甲的时候可要十分注意啦。

做这样的应急处置

首先，用沾了止血剂的脱脂棉按在出血的指甲上来止血。出血多的时候，用毛巾或纱布压住伤口进行止血。置之不顾的话，细菌就会侵入伤口导致化脓。

【小专栏】

有了这些应急物品就好啦

止血剂

止血剂是剪指甲时用来止血的药，在动物医院或宠物商店都可以买到。指甲剪得太深出血这种意外发生的可能性较大，所以给猫咪剪指甲时一定要谨慎小心。

【小专栏】

猫咪的营养学

注意营养过剩

虽说猫咪是肉食动物，但老是吃鱼啊肉啊的会出现很多症状。比如说，吃多了肝脏会引发维生素A过剩症状，过多摄入竹荚鱼中富含的不饱和脂肪酸会引发黄色脂肪症（参考76页）等。

止血剂不在身边而束手无策的时候，点上驱蚊香，迅速灼烧患处就能止血。为了以防万一，请记住这个法子。

剪指甲时，先将猫咪放进洗衣网里。因为猫咪讨厌剪指甲，这样的话就能够防止猫咪逃跑或是暴躁。然后，把猫咪的腿拿到网口处，只剪掉前端半透明的部分就可以啦。

猫咪原本就是喜欢狩猎的动物，有必要把爪子磨得锋锐些，所以天生有磨爪子的习性。为它准备好磨爪工具，让它养成好好磨爪子的习惯。

另外，只需给饲养在室内的猫咪剪指甲就可以啦。不需要剪得太勤太短，只要不被猫咪爪子刮到，玩耍时不伤到人就行。

但是，可以在外自由出入的猫咪和其他猫咪打架的时候，或是发生什么危险时，为了逃跑需要爬树或在屋顶间跳跃，没有爪子的反而会受伤，所以不要给它剪指甲。

小笔记 猫咪会边磨爪子边除掉旧壳。

3 脚受伤了 受伤原因不仅仅是玻璃或钉子

拖拉着腿走路或是抬起脚来走路的话，应该是脚掌有异常，有受伤的可能。常观察一下脚周围。

症　状

- 踩到玻璃碎片或尖锐的钉子而扎伤脚掌
- 口香糖或杂草种子清理不净导致脚掌发炎

受伤特征

踩到玻璃碎片或尖钉子，脚趾里夹着的杂草种子或口香糖没有取出来引发炎症。走路方式奇怪时，特别在意脚掌一直舔来舔去的时候，仔细观察一下猫咪的脚，排查病因。

做这样的应急处置

轻轻地抱起猫咪，仔细观察一下脚掌、脚趾等。

受伤或发炎时会伴有疼痛，猫咪可能会暴躁、到处逃窜。将猫咪放进洗衣网里，让慌乱的猫咪安静下来。无论是进行应急处理，还是带到医院去让医生治疗都会顺利得多。

小专栏

有这些应急物品就好啦

玩具

发现猫咪有异常想要捉住它时，猫咪会到处逃窜难以捉到。那时要是有能吸引猫咪注意力的玩具就会方便很多。为了防止不时之需，事先预备着吧。

【小专栏】

猫咪营养学

不需要维生素C

猫咪和人不同，它能够在体内合成维生素C。也就是说，猫咪没有必要摄取维生素C，所以它不吃那些能够补充维生素C的蔬菜也没关系。人类和猫咪所需的营养成分种类及数量是不一样的，这一点请知悉。

猫咪很少会踩到玻璃碎片或尖锐的钉子，但在草丛里玩耍时，杂草的种子会夹到脚趾里，吐在路旁的口香糖粘到脚掌上等经常会引发炎症。注意猫咪的爪子的同时，仔细看看脚趾周围。

脚趾间的伤口难以发现。若猫咪执着地舔脚掌，做出一副在意的表情，请仔细检查一下脚掌。

取致病物时，猫咪可能会因疼痛而让你无法顺利进行，也有可能会扩大伤口。这种时候，不要强行取出，把猫咪带到医院去，让医生来处理。

另外，致病物体虽已取出，但猫咪的脚还是一个劲儿地疼，这有可能是因为一些细小的物体还残留在脚内，所以去咨询一下医生吧。

小笔记　猫咪脚掌上的肉球是裸露在外的，偶尔也观察一下。

挠伤眼睛 请注意有时会出血

眼睛有什么异常的话，猫咪会眯着眼，特别在意自己的眼睛。揉搓或挠眼睛可能会伤到眼球。

症 状

- **挠眼睛导致出血或外伤**
- **角膜炎**
- **结膜炎**

受伤特征

猫咪特别在意自己的眼睛，揉搓眼睛。结果，指甲会伤及眼睛，指甲中的细菌侵入眼睛引发结膜炎或角膜炎。猫咪做出在意自己眼睛的举动的话，仔细观察一下它的眼睛周围。

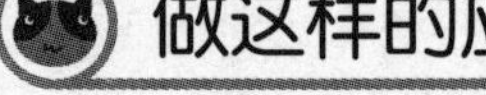

做这样的应急处置

当你注意到猫咪在意眼睛周围，总挠眼睛的话，赶紧做应急处理。

首先，轻轻地抱起猫咪。然后用浸过温水的纱布或脱脂棉轻轻地擦拭眼睛周围。

小专栏

有这些应急物品就好啦

大厚纸

大厚纸可以用来替代伊丽莎白领。将纸剪成大大的圆形，从正中间挖一个猫咪脖子直径大小的圆，像围围巾一样在脖子上围一圈，伊丽莎白领就算做好了。

【小专栏】

猫咪的营养学

注意维生素 B_1 不足

据说猫咪吃的鱼太多的话，维生素 B_1 就会被破坏。维生素 B_1 不足的话，猫咪会出现易疲劳、心情郁闷等症状。营养均衡的食物能够预防此症，所以平日里要多加留心。

猫咪讨厌被碰到眼睛周围。要是猫咪脾气暴躁，将其放进洗衣网里后再进行应急处理。

另外，出血较多的情况下，用毛巾或纱布压住伤口止血，然后立即带到医院去。

伤口擦拭好后，用绷带将眼睛同侧的前脚爪子轻轻缠一下，脖子上套个伊丽莎白领（脖子周围缠的大圆圈），猫咪就再也挠不到自己的眼睛啦。这样还能预防眼中黏膜发炎引起的结膜炎或角膜受伤引起的角膜炎。

做完应急处理后，马上把猫咪带到医院去，将自己所做的应急处理无一疏漏地告诉医生。

猫咪在意眼睛有很多原因，如眼屎、垃圾进眼里或是什么疾病等。若猫咪总是格外在意自己的眼睛的话，仔细观察一下眼睛周围，提前预防受伤是很重要的。

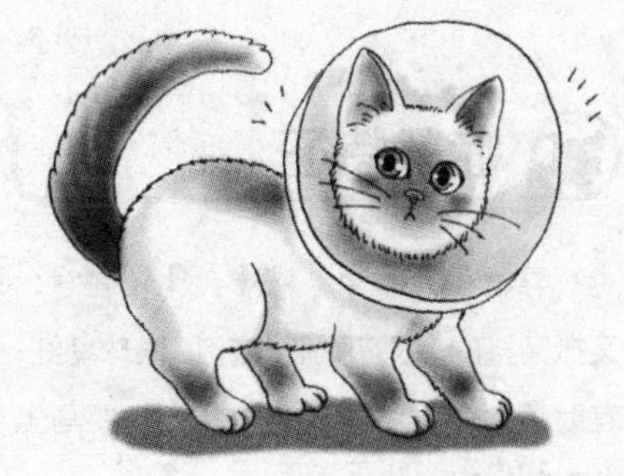

小笔记 猫咪有时会因病挠眼睛，所以要好好咨询一下医生。

5 眼睛里进了异物 可能会引发眼病

在意眼睛，总是蹭来蹭去的，睁大眼睛或眯起眼睛来，眼睛流泪，眼睛发红的时候，不要着急，赶紧做应急处理。

症 状

- 因异物而流泪
- 眼睛充血
- 结膜炎
- 角膜炎

症状特征

异物进入眼中，猫咪会比较在意，又抓又挠的。眼睛肿胀，流泪，眼球发红，有时还会引发结膜炎或角膜炎，要马上做应急处理。

做这样的应急处置

猫咪在意自己的眼睛，又抓又挠的话，首先让猫咪平静下来，轻轻地抱起来，观察一下眼睛周围，眼里可能有异物。

异物可能是微小垃圾或是杂草种子。即使眼睛里有异物，不要急着把它取出来，因为匆忙之中可能会伤及角膜，甚至导致失明。

【小专栏】

有了这些应急物品就好啦

小点心

当主人想要观察一下猫咪的状态时，猫咪可能会到处逃窜怎么也捉不着。这种时候，用猫咪喜欢的小点心吸引它。但是，吃多了点心会长胖，所以要注意适度给予。

【小专栏】

猫咪的营养学

干燥型猫食

水分少，唰啦唰啦响的干燥型猫食是营养均衡的食物。而且，这种食物易保存，推荐那些让猫咪在家留守的家庭使用。这种食物比罐头食物要便宜，所以从经济角度考虑也会比较放心。

猫咪眼睛不舒服就会挠，爪子里的细菌会进入眼中。用绷带轻轻地包扎一下有异物进入的眼睛同侧的前爪指甲，这样它就不能挠眼睛啦。

即使爪子上缠绷带，猫咪还是想挠眼睛的话，请考虑给它戴个伊丽莎白领（参考 127 页）。猫咪蹭眼睛的时候可能会引起眼中黏膜发炎导致结膜炎，或是角膜受伤导致角膜炎。

应急处理结束后，赶紧把猫咪送到医院去。要是知道进入眼中的异物是什么的话，请及时告诉医生，这有助于早期治疗。

眼中进异物这种事故极少发生，但是，自由在外的猫咪脸周围沾上杂草种子的话，眼里是可能会进异物的。猫咪散步回来时，确认一下猫咪是否有异常之处。

小笔记 对猫咪而言，眼睛是非常重要的感觉器官，有问题的话要迅速应对处理。

6 洗澡后眼睛发红 眼睛是敏感器官

原本猫咪就讨厌水。洗澡时浴液或污水有时会进入眼睛里，一定要十分注意。

症　状

- 浴液或污水进到眼里导致眼睛充血
- 结膜炎
- 角膜炎

症状特征

洗澡时，讨厌水的猫咪会暴躁起来，混乱中浴液或污水就有可能进入眼睛里。眼睛黏膜受伤引发结膜炎，眼睛不舒服又搓又挠的话会引发角膜炎，所以需要进行迅速的应急处理。

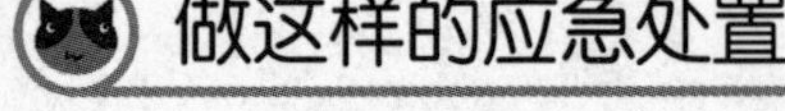

做这样的应急处置

浴液或污水进到眼睛里的话，猫咪的眼睛会感到剧痛。接着，眼睛变红，猫咪觉得不舒服就会又蹭又挠的，若伤到眼睛的话，可能会引发角膜炎。另外，浴液或污水本身会伤及眼睛黏膜引发炎症导致结膜炎发生。在这种情况下你可以用浸过温水的脱脂棉轻轻地擦拭污处。

【小专栏】

有了这些应急物品就好啦

油性眼药水

猫咪的眼睛很敏感。洗澡前往它眼睛里滴点油性眼药水，它能够起到保护眼睛的作用。另外，购买油性眼药水时应先向医生咨询，再由医院开处方。

【小专栏】

猫咪的营养学

罐头型猫食

现在市场上卖的罐头类食物里有鸡肉、牛肉、蔬菜混合等多种类型。由于罐头里面水分较多，所以实际上猫咪吸收的营养成分较少，因此罐头类食物与干燥类食物混合起来吃比较好。

充血严重，眼睛睁不开的时候，马上送到医院去，因为这需要医生的治疗。

洗完澡后，即使眼睛没发炎也没受伤，也不能大意，观察一会儿。过一会儿后，猫咪可能会眼睛不舒服，又挠又抓的。

猫咪是爱干净的动物，只要有空，它就会舔舐全身。短毛猫没必要强行让它养成洗澡的习惯。

但是，长毛猫要 1 个月左右洗一次澡。洗澡前先轻轻地给它把毛梳理一下。

洗澡的习惯要从小开始养成。讨厌水的猫咪即使长大了给它洗时，它还是会脾气暴躁的，非常难办。

小笔记 使用人用的眼药水的话，猫咪会产生厌恶感，所以绝对不要用。

7 洗澡的时候耳朵进水 耳朵可能会生病

猫咪的外耳道呈L形弯曲，洗澡时进水的话不容易流出来，会引发耳朵疾病。

 症 状

● 浴液或污水导致外耳炎

绝对不能用水洗耳朵里面。猫咪的耳朵呈L形弯曲，水进去后不容易出来。另外，进到耳朵里的水还会引发外耳炎。

 症状特征

洗澡时耳朵进水，引发外耳炎。症状恶化的话，还会并发中耳炎。洗澡时有必要下点功夫，不要让耳朵进水。

【小专栏】

有了这些应急物品就好啦

耳栓棉

给猫咪洗澡时，往耳朵里塞耳栓棉能够预防耳朵上的一些事故发生。多准备一些，即使耳栓棉掉出来了也没关系。洗澡时为了预防耳朵进水的事故发生，请一定要试试耳栓棉。

 做这样的应急处置

洗澡水进到耳朵里的话，马上用纸巾或棉纱将水擦干。

耳朵进水的话，猫咪会扑棱扑棱地晃动脑袋和身子，想要将水弄出来。这种状态长时间持续的话，水有可能会深

【小专栏】

猫咪的营养学

半干半湿型猫食

半干半湿型就是所谓的半干燥微湿食物。与罐头型食物相比，水分会少一些。它与干燥型食物一样营养均衡。随着年龄的增长，若猫咪吃不了坚硬食物的话，推荐食用半干半湿型食物。

入鼓膜处。因为有引发中耳炎的可能，所以要赶紧带到医院去治疗。

另外，对外耳炎置之不理的话，还有可能并发中耳炎。猫咪的耳朵和眼睛一样，是敏感的器官，所以，洗澡的时候要格外注意。

洗澡前仔细观察一下猫咪耳朵。耳朵里面红肿、溃烂或是有异味的话，就暂时别洗澡了，洗澡的话可能会使疾病进一步恶化。

洗完澡后，用纸巾或棉纱将耳中清理干净，并顺便检查一下猫咪的耳朵。这样就能够预防洗澡事故的发生。

还有，给猫咪进行清洁梳理时，耳朵的清洁一定要认真仔细。平日里就进行检查的话就能够尽早发现耳朵疾病啦。

小笔记　现在有专门清洁耳朵的清洁剂，你可与医生商量使用。

8 吸入烟尘 赶紧让猫咪呼吸新鲜空气

吸入烟尘的话，有可能会中毒。中毒症状表现为无精打采，走路摇摇晃晃，呼吸困难等。

症 状

- **吸入蚊香或是火灾时的烟尘等引发中毒**

症状特征

会出现无精打采、频繁眨眼、走路摇摇晃晃、呼吸困难等症状。这时就需要立刻去看医生，请医生进行适当的治疗处理。如果出现心脏或是呼吸停止现象的话，就需要马上进行紧急救治。

做这样的应急处置

如果猫咪还有意识的话，立刻将其带到空气新鲜的地方。然后用温水浸过的医用脱脂棉或纱布轻轻地擦拭猫咪的眼睛。接着带猫咪去看医生，按照医生的指示进行治疗。

要是猫咪失去意识的话，先把猫咪带到通风处，然后将耳朵靠在猫咪胸部，检查心跳。

【小专栏】

有这些应急物品就好啦

猫咪用毛巾

事先准备一条浴巾大小的毛巾非常方便。当猫咪非常兴奋时，徒手抓猫咪会有危险，可以先用毛巾从上面把猫咪罩起来，然后再将它抓住。突发事故或是小猫受伤的时候也能用。

【小专栏】

猫咪的营养学

偶尔喂些坚硬食物

如果猫咪总是吃软食的话，牙齿就会变脆弱。猫咪本是靠狩捕为生的，囫囵吞枣地吃生肉也是常事。但是由于生活环境的变化，猫咪也会和人类一样出现这样那样的牙齿问题，所以偶尔只喂食坚硬食物，调节猫咪的饮食。

如果心脏还在跳动，那么赶紧带猫咪去医院。有时，刚把猫咪放进洗衣用的网兜里，它就恢复了意识，但是它还是有可能狂躁不安，等它平静之后就可以接受医生的治疗了。

如果心脏停止跳动，那么必须立刻带它去医院。这时，试着按压猫咪胸部，有时也能使心脏恢复跳动。

吸入烟尘等麻烦事一般是猫咪直接吸入蚊香的烟，或是在火灾现场待的时间过长。

烟尘除了引发中毒反应外，还有可能引起支气管炎、肺炎等各种各样的疾病，所以日常生活中一定要十分注意防止此类事故发生。

另外，在房间里要留出足够猫咪穿行的空间，适时通风等也非常重要。

小笔记 牙齿颜色呈深紫或红色时就有可能是中毒的表现。

9 发生抽搐 抽搐的原因有很多

有时，猫咪很有可能突然出现抽搐的情况。不要慌张，先观察情况。抽搐一般不会导致死亡。

原 因

- 癫痫
- 心脏病
- 大脑疾病
- 中毒
- 寄生虫
- 低血糖症候群
- 精神压力

症状特征

除癫痫、心脏病、大脑疾病之外，中毒、蛔虫等寄生虫、低血糖、精神压力等多种原因都可能导致抽搐。虽然很难弄清楚是何种原因引发抽搐的，但是要是能知道原来有什么病，通过治疗旧疾便可有效预防抽搐的发生。

做这样的应急处置

抽搐前，猫咪会出现焦躁不安、流口水、乱叫、哆嗦等症状。如果这时慌忙去碰猫咪的话，它可能会咬伤、抓伤你，所以还是先静静地观察情况吧。

【小专栏】

有这些应急物品就好啦

猫咪专用席子

如果出现这种紧急情况的话，不方便直接抱猫咪。所以，这时猫咪专用席子便能派上大用场了。可以用席子包住精疲力竭的猫咪，带去医院等。

【小专栏】

猫咪营养学

每日需要多少能量？

一只健康的成年猫每日需要的能量（卡路里）是体重 1kg×80 大卡；出生 3 个月的小猫咪，是体重 1kg×250 大卡；出生 3 ~ 10 个月的小猫咪，是体重 1kg×130 大卡；怀孕中的猫咪，是体重 1kg×100 大卡；高龄猫咪，是体重 1kg×70 大卡，大概是这样的一个标准。

即使抽搐停止了，有时猫咪还是可能失去意识，所以要赶紧确认猫咪的呼吸和心跳。如果心脏停止跳动，那就得赶紧去医院了。（具体参照 135 页）

如果抽搐不停的话，就要联系医生，并按照医生的指示进行救治。带猫咪去医院的时候，最好用大毛巾包起来，然后放进洗衣网里。

引起抽搐的原因有癫痫、心脏病、大脑疾病，药物、水银或除草剂引起的中毒，蛔虫等寄生虫疾病等。

其中低血糖引起的抽搐一般出现在由于不喝奶水而营养不良的小猫咪，或是为治疗糖尿病降低血糖而注射过多的猫咪身上。这时通过注射葡萄糖提高血糖值便可治愈。

抽搐过后，不要打扰猫咪，让它安静地待一会儿。

小笔记 若是母猫，因产后低血钙症也会引起抽搐。

10 热晕了 总之先让它凉快下来

长时间在烈日下暴晒吹热风，或是关在高温的地方，都会引起中暑。这可是由于主人的疏忽引起的事故。

 原　因

- 中暑
- 暑热

症状特征

猫咪长时间晒太阳或是被关在车内等高温场所，就会出现身体变热、呼吸困难、流口水、呼吸急促、体温骤然上升等症状。有时还会并发癫痫等，可能会导致死亡。

 做这样的应急处置

立刻把猫咪转移到凉爽的地方或是树荫下。

然后，用冷水浸过的毛巾擦拭猫咪身体或是打开风扇，总之要把猫咪的体温降至正常温度。猫咪的正常体温是38℃左右。不过，体温有时也会过度下降，所以需要多加注意。

【小专栏】

有这些应急物品就好啦

冰袋

平时最好在冰箱里备上冰袋。猫咪出现暑热或是中暑的时候，或是出了其他状况时，就可以派上用场了。就算猫咪用不上，如果人睡不着觉而头痛不堪时，也可以拿来用。

【小专栏】

猫咪营养学

味道不是重点，关键是要好闻

猫咪的鼻子比人类发达，所以东西能不能吃，好不好吃，猫咪都是通过嗅觉判断的。但是猫咪的味觉却远不如人类，准确地说是味盲，所以说，猫咪的食物好吃不是关键，好闻才是王道。

要想用冷水给猫咪降温的话，最好事先准备一个冰袋，然后边用冰袋擦拭猫咪的身体，边带猫咪去医院。如果情况严重的话，绝对不能耽搁，必须马上接受专业治疗。

其实，猫咪是最知道家里哪儿暖哪儿凉的，所以这种事故一般不会发生。

但是要是主人疏忽的话，事故还是会发生的。夏季，经常会出现猫咪被忘在车里或是封闭的房间里的情况。

为了避免暑热和中暑情况的发生，平日里要重视猫咪的健康管理。猫咪的房间要经常通风换气。另外，还要准备干净的饮用水，让猫咪随时都能喝上干净清洁的水也是很重要的。

现如今，室内的冷暖设施都很完善，但是这也留下了祸根，猫咪不能自己调节室温，所以要注意房间不能过冷或过热。

小笔记　你要有猫咪也是家庭一员的意识哦！

11 被热水或油灼伤 病情可能会急剧变化

这种事故一般发生在厨房、暖气片、灶台等地，在日常生活中很常见，所以用火或是热水的时候要非常注意。

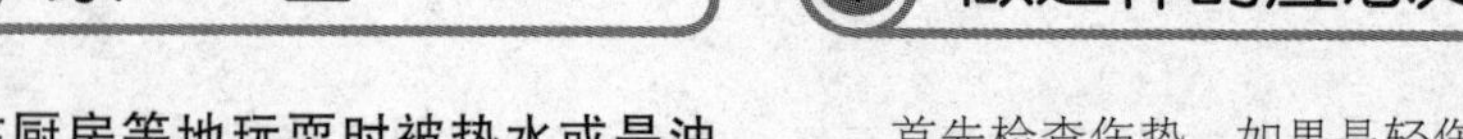

 原　因

- 在厨房等地玩耍时被热水或是油灼伤
- 暖炉等造成的灼伤
- 掉进浴盆引起的全身烫伤

 症状特征

部分灼伤的话，根据皮肤的受伤情况分成3个阶段。第①级：红斑型灼伤，皮肤稍微变红。第②级：水泡型灼伤，从皮肤的深层开始红肿伴有疼痛。第③级：坏死型灼伤，从皮肤伤及肌肉，毛一拔就掉。

 做这样的应急处置

首先检查伤势，如果是轻伤的话，清洁伤口很重要。用无刺激的消毒液给伤口消毒，冷却。但是不要上药或是包扎，让伤口冷却就行，受伤的皮肤会自动脱落的。

【小专栏】

有这些应急物品就好啦

用过的破布

用过的纱布质地的手帕、没有用的布等都别扔，收起来，可以用作猫咪的纱布或是绷带。当然为猫咪准备新的物品也是一种乐趣，但是废物再利用更有经济价值。

【小专栏】

猫咪营养学

每日喂食次数

大体上，成年猫每日喂食2次，猫崽每日喂食3～4次。怀孕或是哺乳期的猫咪每日也是喂食3～4次。如果是老猫的话，视猫咪情况而定，可以适当减少喂食次数。喂食时间就和自家吃饭时间一致即可。

如果猫咪的伤口红肿并伴有疼痛的话，先用纱布包扎患处，然后马上带猫咪去医院。

如果受伤范围在50%以上的话，猫咪便会出现休克症状，皮肤颜色也会出现变化，这就是重症的表现了。先用纱布轻轻地缠住伤口，然后立刻带猫咪去医院接受专业治疗。

灼伤的话，一般是要等到事故发生后2～3天，主人们才能察觉。有时看起来不要紧，但是事后患部的皮肤也会脱落。所以事故发生后，先让猫咪安静地待一会儿。另外，尽早去医院接受专业治疗。

有时宠物用的电热毯长时间使用也会引起猫咪的低温烫伤，所以冬季的时候需要特别注意。

小笔记　灼伤的话涂橄榄油或是芦荟容易引发感染，所以还是别这么做了！

12 碰到化学药品 查明原因！

家庭饲养猫咪的话，会接触到洗涤剂或油漆，工厂里饲养的猫咪可能会接触到盐酸、硫酸等化学物品，这些都可能给猫咪带来伤害。

 原　因

- **家中的化学品造成的伤害**
- **工厂里的硫酸、盐酸、氢氧化钠等也会引起伤害**

 症状特征

如果猫咪接触到家中使用的洗涤剂、油漆、盐酸、硫酸等化学品，它的脚和皮肤就会受到很大伤害。并且，猫咪还很喜欢舔自己的身体，如果这些物品进入口中，就会引起中毒了。要是你觉得猫咪身上的气味不对劲的话，很有可能就是出状况了。

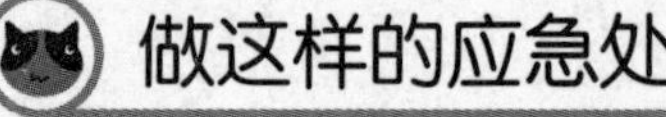

做这样的应急处置

如果觉得猫咪身上有化学品气味的话，首先要检查状况，弄清究竟。可能是清洁剂倒了，或是药品散乱放置。

【小专栏】

有这些应急物品就好啦

含抗生素的软膏

软膏种类多种多样，最好在急救箱内备上软膏以备不时之需。购买时，最好先咨询医生，请他为你推荐。

【小专栏】

猫咪营养学

已经断奶的猫咪的食物

出生3~4周后的断奶期，需要一天早、中、晚、夜里，分四次喂食。断奶期间，可以选择猫咪专用奶粉配上鱼、鸡胸脯肉等，搅拌成糊状喂食。并且，逐渐减少奶粉的分量。出生2个月后就可以不用再吃断奶食品，并且可以减少喂食次数了。

弄清原因后，最好赶快用肥皂或是洗发水给猫咪清洗干净。最好选用无刺激的肥皂，一直要洗到没味为止。打上肥皂，按摩到全身泡沫，然后彻底洗净。

等到没有化学品味道时，给猫咪擦干身体，然后带猫咪去医院接受检查。

但是，如果不知道是何种物质就用肥皂或洗发水清洗的话，那么会影响到后期医生的诊断。这种情况下可以直接用毛巾包着猫咪，带到医院。并且，有的化学品对主人也有伤害，所以处理时要加倍小心。

其实这种事故也是只要主人多留神就能避免的事情。所以，尽量把这些化学品放在猫咪接触不到的地方，或是想办法不让猫咪接近这些危险品。（具体参照106页）最重要的是防患于未然。

小笔记 把危险品放在猫咪接触不到的地方十分重要！

13 冻伤 耳朵和尾巴是否完好

如果长时间置身严寒天气中，猫咪很可能被冻伤。这也是主人疏忽造成的事故，所以需要十分当心。

 症　状

- 冻疮
- 冻伤

 症状特征

冬天，如果猫咪长时间在外面，或是被冻上几个小时，就有可能被冻伤。冬季，在雪地里或是在冰上行走也容易被冻伤。没有毛发的部分或是血液循环较差的耳朵和尾巴是最容易被冻伤的部位，刚开始皮肤可能是青紫色，渐渐就会变红或是变黑。

 做这样的应急处置

首先慢慢靠近冻得哆嗦的猫咪，观察情况后把它抱起来，然后把它带到暖和的地方或是室内。

边给猫咪暖和身体，边检查猫咪是否受伤，特别是没有毛发的部位，耳朵、尾巴、脚内侧等都是最容易冻伤的地方。

【小专栏】

有这些应急物品就好啦

热水袋

要想温暖猫咪身体的话，有个热水袋就方便多了，当然也可以用威士忌酒空瓶或是其他很多东西来代替。使用热水袋时，注意不要烫着猫咪，最好用毛巾包着热水袋。

【小专栏】

猫咪营养学

断奶期之后的猫食

出生2个月后开始减少喂食次数，3个月后停止夜间喂食，6个月后停止中午的喂食，最后只留个早晚两餐。如果光给它吃猫食之外的美食的话，它很可能变得很挑剔，所以还是要给它吃幼猫特供或是成长专用的猫食。

如果猫咪冻伤了，就要采取措施促进那一部分的血液循环。最好用温水浸过的毛巾，温暖冻伤部位，注意水不要太烫。

还要注意观察冻伤部位的颜色，如果呈暗红色，那就说明那部分皮肤已经坏死了。

另外，若是冻伤严重的话，甚至有可能冻掉尾巴或是耳朵，所以要尽快带猫咪去医院接受专业治疗，但是别忘了要用洗衣网兜着猫咪。

其实，猫咪好像很少被冻伤。但是，幼猫、老猫、患有心脏病的猫咪、心脏功能衰弱或是血液循环不好的猫咪很可能会因为主人的疏忽，比如说长时间待在室外等出现冻伤的情况。在寒冷地带喂养猫咪或是和猫咪一起到寒冷地方时，要留心观察猫咪的状况。

小笔记　虽然带猫咪一起去滑雪很好，但是绝对不能把它放在外面不管！

14 被黏东西粘到 强行剥下的话皮肤会受伤

粘鼠贴、蟑螂贴等黏贴很容易粘到猫咪身上，并且不容易揭掉，但是千万别慌，冷静采取应急措施吧。

 原　因

粘鼠贴、蟑螂贴等黏贴，透明胶带等胶带，糨糊等粘结剂

 症状特征

如果猫咪不小心误碰了粘鼠贴，或是玩糨糊、粘结剂时，一不小心就会沾到身上了。并且猫咪还喜欢乱舔乱闻，所以黏着物质就会扩散到全身，到时候即使想弄干净也弄不干净了。

 做这样的应急处置

如果猫咪身上粘了黏贴，首先要观察猫咪的情况，看清是何种黏着物质。

如果看起来轻易就能揭掉的话，就慢慢地揭下来。在黏糊糊的部位涂上面粉和色拉油，轻轻按摩，这样黏着感就能消失，黏着物也就能很快揭掉。

【小专栏】

有这些应急物品就好啦

色拉油

当猫咪身上沾了黏着物时，可以在黏着部位撒上些小麦粉，然后倒上些色拉油，揉搓一会儿再试着清理黏着物。最后用中性洗涤剂给猫咪洗一洗，差不多就能清除干净了。

【小专栏】

猫咪营养学

成年猫食

出生1年后猫咪就成年了。如果还继续给猫咪喂食成长期的食物的话，很可能出现肥胖问题，所以还是改用成年猫食吧。要是觉得猫咪太胖的话，也可以试试市面上卖的减肥食品。

若是实在弄不掉的部分，可以用剪刀把黏着物和毛发一并剪掉。这时可以拉住黏着物，把剪子伸进去剪掉，但是注意不要划伤猫咪的皮肤，还要注意别吓着猫咪，它看着剪刀很可能发狂或是躲藏。可以把猫咪放在洗衣网里，稍微把口打开，把手伸进去小心地剪掉。

因为猫咪怕剪刀，所以可能很难剪掉黏着物。这种情况下，就不要硬剪了，就请医生来做好了。

如果黏着物不是粘在毛上，而是粘在皮肤上的情况下，不讲方法硬揭的话，很可能弄伤皮肤。这种情况还是带到医院里请医生处理吧。

把黏贴、胶带、糨糊、粘结剂等放在猫咪碰不到的地方，就能很好地预防此类事故。预防从改变生活习惯做起。

小笔记　注意别让猫咪靠近黏着物质！

15 掉到浴缸或池子里 让它把水吐出来后做应急处理

即使不喜欢水的猫咪也能游泳。但是，稍不留神就会出现大的事故。

原　　因

- 掉进家里的浴缸而溺水
- 掉进河里或水池里而溺水

症状特征

猫咪不喜欢水，当然不会主动入水。但是，很可能会不小心掉进水池、河里或是浴缸里，到时猫咪便会惊慌失措，转眼间就会淹死。这一状况并不只限于深水区，水浅的地方照样会出现。这时必须赶快救起猫咪，采取紧急措施。

做这样的应急处置

如果猫咪掉进河里或是水池的话，首先要呼唤猫咪的名字，当猫咪靠近主人附近时，用渔网把猫咪捞起。

【小专栏】

有这些应急物品就好啦

绳子

和猫咪一起出去玩的话，带上绳子可能会用得上。可以把绳子放在化妆包里，不占地方，拿着也没有负担。说不定就能派上大用场。

若是溺水时间太长，猫咪很可能呛进去大量的水，有可能会呛进肺里，那就麻烦了。救起猫咪后，先用毛巾包住猫咪温暖它的身体，然后让猫咪头朝下，把水吐出来。

【小专栏】

猫咪营养学

怀孕中的母猫食

怀孕3周后，开始增加食量。最好选择幼猫专用或是含高卡路里（能量）的猫食。受精60天前后生产。怀孕初期，猫咪吃的食物会是平常的1.5倍。但是临近分娩，食欲却会骤然下降。

吐出水后，检查猫咪的呼吸状况。另外，把耳朵贴在猫咪胸口附近，检查猫咪是否还有心跳。

如果心脏继续跳动的话，那么可以先擦干猫咪身体，然后带猫咪去医院。

万一听不到心跳了，那就要边按压猫咪胸口边赶往医院了。可能按一会儿心跳就能恢复了。

把猫咪从水中救起后，即使看起来没有任何变化，也有可能会得肺炎等。所以还是去医院检查检查为好。

掉进浴缸里的话，如果是热水有可能会被烫伤（具体参照140页）。先采取紧急措施让猫咪身体凉下来，然后马上带猫咪去医院。

另外，溺水之后，如果猫咪没有大碍，可以让猫咪安静地待一会儿。如果发现有任何异常情况，就要赶紧联系医生。

小笔记　猫咪在浴盆盖上睡觉的时候，一定要十分注意！

16 晕车 把车停下来让猫咪安静一会儿

晕车可不是人类的专利，猫咪也可能会出现晕车的情况，所以要留心猫咪的变化。如果出现这一情况可以把车暂时停下来，静静地待会儿。

症　　状

- 流口水
- 无精打采
- 呕吐

症状特征

猫咪坐车时，有时会出现神情一反常态的表现，加上会流口水、无精打采，有时甚至会呕吐，有要撒尿的迹象。猫咪晕车的原因，不单是因为车体摇晃，有时车体尾气也是原因之一。

做这样的应急处置

让猫咪乘车时，有时会出现口吐泡沫、呕吐、吃什么都会吐出来、有尿意、无精打采等情况。

开车时，如果发现猫咪神情异常，就暂时停一会儿车，然后仔细观察猫咪的情况。

小专栏

有这些应急物品就好啦

小型坐便器

和猫咪一起出去玩的话，带上个小型坐便器非常方便，也很方便搬运。在车内，如果猫咪突然呕吐或是大小便时就能派上用场了。

【小专栏】

猫咪营养学

老猫的猫食

7、8岁的猫咪就是老猫了。从这时起，请把猫食换成高龄猫咪专用食物。另外，为了防止猫咪肥胖可以尝试改善猫咪的饮食，但是也要注意合理安排营养均衡的饮食，防止猫咪生病。10岁之后，猫咪的身体机能便开始下降，运动能力也会退步，所以要注意。

猫咪有时会呕吐，但是如果呕吐是由晕车造成的话，就不必担心了，就暂且让猫咪安静地待会儿，观察观察。

但是，如果猫咪一直痛苦不堪地呕吐不停，那么恐怕除了晕车之外，还有其他问题。所以如果猫咪的情况很严重的话，最好带去医院看医生。

等到猫咪恢复了精神，再开车出发。就算猫咪看起来已经恢复到正常状况了，最好还是赶快赶到目的地，把猫咪放下来。

但是，如果途中猫咪再次出现和刚才相同的症状，还是要再次停车，等猫咪好了再出发。

如果猫咪有晕车的习惯，那么平时就要注意一点一点地慢慢增长猫咪乘车的时间。而且，在乘车2~3小时以前只喂食正常饭量的1/4。

虽然猫咪本身是不惧摇晃的动物，但是有的猫咪就是不习惯车子的那种摇摆，所以如果说猫咪的晕车问题很严重的话，是不是可以考虑别让猫咪乘车呢。

小笔记　和医生商量后可以选择猫咪专用晕车药，记住人用的晕车药绝对不行！

医生的总体建议

＜以猫咪的视线来改善生活＞

猫咪的生活空间是立体的，从脚下到能爬得上去的地方，都是它的活动空间。所以，要注意改善生活环境，不要让猫咪爬得过高，妥善安放物品别让它们随便掉下来等。这样的话，就能减少猫咪发生事故和受伤的次数。

1 干净整洁

对于室内喂养的猫咪来说，家就是猫咪的全部。所以，要把家里收拾得干净整洁，这样猫咪也能生活得舒服些。另外，猫咪容易掉毛，所以很容易弄脏室内卫生，一定要记得勤打扫。

2 拿出来的东西最好要赶快收起来

这好像很简单，但是需要你养成及时收东西的习惯。特别是，怕被猫咪弄坏的东西或是对猫咪有害的东西，千万不能随手乱放。

3 注意水火

厨房、灶台、厕所等都是容易发生水火事故的地方，所以要特别注意。可能主人稍微一个不留心就会引发很大的事故，甚至会要了猫咪的性命。所以为了宝贝宠物，平时就得多操心。

4 经常通风

虽然说猫咪在室内也能生活得很好，但是也不能总把它关在室内。尤其是在夏季，猫咪一直待在闷热的室内有可能会中暑，所以夏天要经常通风，防止室内闷热。

5 留出通道

猫咪不喜成群，还喜好夜间活动。所以最好为猫咪留出专门的通道，方便它随时进出，这样猫咪就能生活得更加自由自在。

6 随时记得自己是和猫咪生活在一起

和猫咪生活的时间久了，便可能意识不到自己是和猫咪在一起生活的了。所以，要想猫咪生活得舒服些，就要记得经常反省自己的生活方式。另外，还有人对猫咪过敏，这时必须立刻就医。

第四章

大吃一惊！）从年龄、性别上对待特殊病情

幼猫的特殊病情

呕吐、腹泻 在一丁点的变化面前也会变得脆弱

幼猫经常出现呕吐、拉肚子的情况，特别是断奶期更为多见。如果给幼猫喂食成年猫专用猫食的话很可能会出现营养不良的现象。

原　因

- 寄生虫
- 细菌感染
- 病毒感染
- 食物引起的消化不良

症状特征

稍微有一点不适或是食物有问题，幼猫的肚子就会鼓起来然后没有食欲。当然，还有可能出现拉肚子的情况，如果拉肚子造成脱水，猫咪的体温会下降，有可能会导致死亡。

如何治疗

猫咪断了母乳或是奶粉后，食物换成断奶猫食，它可能会很不适应，有可能会出现呕吐、拉肚子等情况。这时还是先暂时再用母乳喂养一段时间吧。如果体温下降的话，先要温暖猫咪的身体，等它有了食欲后再渐渐喂断奶猫食。

和成年猫比，幼猫的消化吸收能力很弱，所以平日里好好注意猫咪的饮食也能预防这些问题。

【小专栏

猫咪印象研究

猫咪是神?

猫咪曾经是怀孕生产的象征，并且它吃老鼠还喜欢夜间活动，种种迹象表明它是黑夜的守护神。实际上，在埃及就发现了古代推崇猫咪的画像。

【小专栏】

了解幼猫的一切

害怕寂寞

猫咪原本是喜欢孤独的动物，但小的时候却不是这样的。2～6只猫咪同时出生，与兄弟姐妹一起争夺母乳，打架玩耍，学习生存本领，一直都有同伴。因此，不能让幼猫陷入孤独的境地。

如果一直是用同一种猫食喂养，还出现了这些状况的话，那就要仔细分析分析猫咪出状况的原因和次数。如果只是偶尔一两次的话，就不必紧张了，观察下猫咪的情况，等到恢复了也就没问题了。

但是如果出现血液和黏液的话，就必须马上就医了，让医生检查清楚原因。

有时，猫咪感染寄生虫也会引起呕吐和拉肚子，仔细观察的话会发现呕吐物里有蛔虫和寄生虫等小东西。这种情况下就要按照医生的指示来接受治疗。

另外，断奶期间，如果断奶没按正常步骤来，或是突然改用成年猫食，都会引起呕吐和拉肚子。所以不能突然改用成年猫食，必须先喂食断奶猫食然后改用成年猫食。

从母乳或奶粉改换为断奶猫食时，要注意观察猫咪的反应，慢慢进行。

小田医生诊疗室

初春、初秋，正逢季节交替之际，气候变化明显，猫咪也容易出现身体问题，所以平时要注意留心猫咪的健康管理。另外，合理安排猫咪的饮食生活，母乳、奶粉的量、次数、时间等都要事先制订好。

小笔记 如果有母猫的话，可以给幼猫喂些母猫食，然后慢慢断奶！

2

✦ 幼猫的特殊病情 ✦

发烧 补充足够的水分

幼猫并没有活动，可是身体却很热而且没有食欲，懒洋洋的，是不是生病了呢？

原　因

- 肠胃炎
- 感染猫咪病毒
- 呼吸道疾病
- 肺炎
- 中毒
- 中暑

症状特征

猫咪会出现发热、食欲减退、无精打采的情况，有时还会伴有喷嚏、流鼻水的现象，这肯定是生病了，带去医院诊断吧！

如何治疗

先摸摸猫咪的身体，如果感到热，就给猫咪测量体温。

首先，给体温计缠上保鲜膜，湿润后慢慢地插进猫咪的肛门里，等到体温计的读数停止不动后，再慢慢地拔出来。给猫咪测体温时，最好是抱着猫咪。猫咪平时的体温是38℃左右。

【小专栏】

了解幼猫的一切

主人是猫咪的妈妈？

猫咪能够自己猎取食物才算是长大了。但是，饲养在家中的猫咪总是能够不间断地从主人那取得食物，所以说饲养的猫咪无论到什么时候都是长不大的孩子。

由于肠胃炎，猫咪也会出现发热和脱水等症状，这时最好赶紧带去医院，接受专业医生的诊断。

要是不仅发热，还伴有鼻炎、流鼻水等症状的话，那就很可能是猫咪感染了病菌，很有可能并发猫咪病毒性鼻炎、猫杯状病毒症，最后导致呼吸系统疾病。

其实，猫咪病毒感染症中，有很多是接种疫苗就能避免的，所以主人一定不能忘了带猫咪去打疫苗。（具体参照4页）

由于猫咪病毒、寄生虫等原因，很可能造成肺炎。不同的寄生虫，驱虫剂也并不相同，所以要先请医生检查后，再进行合理的治疗。

幼猫大部分时间都是在睡觉，所以稍微有些药物或是杂物弄到嘴里，就会导致中毒。除了发热，还会伴有呕吐、拉肚子等症状，所以要完善猫咪的生活环境。

小田医生诊疗室

猫咪发烧后，自然就没有食欲了，若是治疗不及时很可能出现大问题。所以，如果持续高烧的话，最好尽快就医。

小笔记　幼猫的体温比成年猫的体温略高！

3 幼猫的特殊病情

没精神 考虑是什么原因

幼猫大部分时间都在睡觉，即使偶尔起来也不怎么有精神，所以是不是病了呢？

原　　因

- 压力
- 感染猫咪病毒
- 寄生虫病
- 外伤
- 受伤
- 喝不到母乳

症状特征

除了生病，幼猫还有可能因为睡不着觉造成精神压力，或是母乳不足喝不饱，所以小猫就没有精神。而且，没有食欲的话，大便次数也会较少。

如何治疗

首先要检查平日的生活习惯。虽说幼猫很可爱，但是也不能老打扰幼猫的生活。比如说，幼猫睡得正香的时候，就把它弄醒，这样就打乱了幼猫的生活节奏。其实，幼猫除了喝奶、被母猫舔、大小便外，其余大部分时间都是在睡觉。不管三七二十一地把幼猫吵醒，它当然没有精神，时间长了，幼猫的食欲和大便等都会出现问题。

【小专栏

猫咪印象研究

寓言中的猫咪是神秘主义者

猫咪存在的地方就有与猫咪相关的民间故事。希腊作家伊索的寓言非常有名，其中有一个猫化身成人的故事。日本的民间故事中也有类似的故事，似乎猫咪的神秘性是全世界共同的。

【小专栏】

了解幼猫的一切

即使发怒它也不畏惧

猫咪出生后1个月左右就要开始教育它了，但是猫咪根本就不理解你发怒的原因所在，只是感觉到“可怕”而已。所以，从猫咪小的时候开始，就不要只是一味地发怒，明确地规定好什么事情不该做，这样教育起来就会简单得多。

另外，若是母乳不足或是不喜欢喝母猫的奶水，幼猫也会没有精神，所以这些都要注意。

感染了病毒和寄生虫等而没有精神的话，可能也会出现拉肚子、呕吐、打喷嚏、流鼻水等症状。如果这些症状加剧的话，就要赶紧去医院就医，接受治疗。

另外，如果受了外伤或是擦伤等时，也会出现无精打采的情况。所以当幼猫和兄弟姐妹一起玩耍后，一定要记得检查幼猫是否受伤。

猫咪一次能生2～6只幼猫，所以兄弟姐妹很多。但是母猫的乳头很少，所以有的幼猫喝不到母乳，自然就没有精神。幼猫喝奶时，一定要注意观察是否有喝不上的。

另外，要注意改变平日的生活习惯，尽量让猫咪生活得舒服些。任何一个小的改变都是莫大的关怀。

小田医生诊疗室

如果猫咪突然不明原因地没有食欲，无精打采，那么就需要赶快去医院就医，很可能是急病。

另外，和成年猫比幼猫适应能力差，也比较敏感，稍不留心，病情很可能就会恶化，所以要十分注意。

小笔记 如果幼猫一出生就没有精神，很可能是患有先天性疾病！

4

幼猫的特殊病情

流鼻涕 注意不要发展成慢性病

流鼻涕的话，大部分情况下是病毒感染。所以要注意观察猫咪的情况，调整饮食生活，合理安排母乳、奶粉以及断奶猫食等。注意不要发展成慢性疾病，早期治疗很重要。

原　因

- 病毒感染
- 细菌感染
- 副鼻腔炎
- 过敏性鼻炎等

症状特征

病毒感染、细菌感染、鼻子疾病等，都会导致流鼻水。另外，作为过敏症状的一种，在季节交替之际也会出现流鼻水的现象。但是，不管是何种情况，都最好赶紧就医。

如何治疗

流鼻涕可能是因为病毒或细菌感染引起的。

其实只要接种疫苗，病毒感染有时也是可以避免的（参照 24 页），所以最好带猫咪接种疫苗。

【小专栏】

了解幼猫的一切

当场斥责

比如说，猫咪在厕所外大小便的话，一定要当场斥责“不可以”“不行”。事后斥责的话，猫咪就不记得是什么事啦，一旦让它养成了坏习惯，就很难纠正了。

另外，细菌感染的情况，其实只要及时改善生活习惯也是可以避免的，像是注意厕所的清洁卫生、随时准备清洁的饮用水。平时多留心，有备无患。

如果得了副鼻腔炎的话，除了流鼻水还会伴有食欲减退等症状，所以应该及早就医，接受治疗。只要病好了，食欲也自然就恢复了。

另外，过敏的话也会出现流鼻水的现象。特别是季节交替之际更需要加倍注意，虱子、花粉等都可能引起过敏性鼻炎。现在通过过敏源检查，很快便能判断出是何种过敏。如果不放心的话，就带猫咪去做个检查吧。

幼猫生病的话，肯定会出现体力不足、浑身乏力的现象。放任不管的话，很可能引起别的并发症。所以要想办法恢复猫咪的体力。母乳、奶粉，再加上断奶猫食，三者要合理安排。平常就要加强对猫咪的健康管理。

小田医生诊疗室

健康猫咪的鼻子是湿润的，但是如果出现鼻涕的话，很可能就不对劲了。所以要仔细观察猫咪的情况。

另外，如果呼吸道感染了真菌的话，也会出现流鼻涕的现象，可以对鼻涕进行测试性检查。

小笔记 如果是清鼻涕的话，很可能是感冒的初期症状。

5

幼猫的特殊病情

粪便呈现焦油状 粪便是健康的晴雨表

即使猫咪看起来很健康，粪便有时也会很稀，并且呈黑褐色的焦油状，其实这就是身体不健康的标志。

原　因

- 病毒感染
- 寄生虫症
- 肠胃炎
- 食物中毒

症状特征

大便呈焦油状的时候，就说明身体肯定是出问题了。有可能是病毒感染、寄生虫病、肠胃炎、食物中毒等原因引起的。有时，大便中还带有血。

如何治疗

感染病毒的话，可能是猫泛白细胞减少症。如果病原菌是细小病毒，猫咪还会伴有呕吐、拉稀、发热等症状。有时也会是出生时从母猫身体带下来的，接种疫苗便可以预防。所以千万别忘了接种疫苗。

除病毒病菌外，一些寄生虫，如钩虫等也会从母猫身上带下来。同时也有可能因皮肤感染或是吃了带有寄生虫的食物等而患上寄生虫病。这些都可能会导致刺鼻难闻的大便、带有血迹的大便等症状的出现。其实喷洒上驱虫剂就能够很简单地驱除寄生虫，但还是去医院检查检查为好。

【小专栏

猫咪印象研究

童话里的猫咪们

在 18 ~ 19 世纪时，猫咪作为淘气鬼的形象出现在童话世界里。在《木偶奇遇记》里，猫咪象征着人类的伪善。《爱丽丝梦游仙境》里，小猫邱舍就是不可缺少的重要角色。

【小专栏】

了解幼猫的一切

喜欢和主人玩

小的时候，比起自己玩来，猫咪更喜欢和别人一起玩。刚开始的时候它会自己玩，但慢慢地就会厌倦，想和主人一起玩。和人一起玩的时候，它与人类的信赖关系也会加深。

肠胃炎的话，由于胃部和肠道等消化器官黏膜出血也会导致焦油状大便的出现。其实通过治疗原有的疾病便能抑制病情，恢复健康，所以还是要去就医。

另外，由于食物中毒也会导致拉稀或是焦油状大便的出现。平日里要注意改善饮食习惯，不要给猫咪吃有毒的食物。另外，洗涤剂、油漆等家庭生活用品要放到猫咪够不到的地方。

其实，大便经常会出现各种各样的问题，但是，如果放任不管的话，就有可能造成身体脱水。当猫咪的大便和往常不一样时，还是要咨询医生，以便于病情的及早发现。

小田医生诊疗室

幼猫本身是没什么力气，但是如果出现一反常态的情况或是大便的样子不大好的话，还是早日去医院接受检查为好。大便是身体健康的晴雨表，要记得健康时大便的样子，尽量不要更换此时的猫食。

小笔记 想给幼猫换奶粉的话，还是要一点一点慢慢来。

6

✦ 幼猫的特殊病情 ✦

呼吸急促 说明身体状况发生了变化

和成年猫相比，幼猫呼吸较快。但是如果呼吸过于急促的话，肯定就是有问题了，很可能是生病了。

原　因

- 发热
- 肺炎
- 支气管炎
- 横膈膜疝
- 呼吸道症候群
- 先天性心脏病
- 脓胸

症状特征

猫咪呼吸很快而且过于急促，整个肚子很瘪，感觉是在拼命地呼吸。如果是横膈膜疝的话，就会产生这种情况。如果是支气管炎和肺炎引起的话，猫咪的呼吸也会很痛苦，并且伴有粗重的喘息声。

如何治疗

首先，注意观察呼吸方式。

如果猫咪突然“哈——哈——”地呼吸，那么我们首先要检查猫咪是否发烧、是不是身体哪里疼、是不是带动整个身体在呼吸。如果感觉猫咪发烧的话，请给猫咪测量体温（具体参照156页）。另外，注意室内温度是否过高，有没有中暑反应，这些原因也可能导致呼吸急促。所以请注意随时调节室内温度。

【小专栏】

了解幼猫的一切

咀嚼力不够

对于好奇心强的幼猫来说，什么东西都可能会成为它的玩耍道具。但是，幼猫的咀嚼力不够，尽量避开那些能够咬碎并吞下的东西，拿一些触感柔软的东西来给它玩。

如果呼吸非常痛苦的话，那么很可能是支气管炎或是肺炎，有时还需要给猫咪输入氧气。如果确定猫咪得了支气管炎的话，就要注意检查生活环境，保证及时清除灰尘和虱子。

幼猫如果受到刺激的话，也可能会患上交通事故里常见的横膈膜疝。横隔膜破裂，肠道压迫心肺，呼吸自然就会很困难了。弄清原因后，就要赶紧就医接受检查。另外，胸腔中脓水堆积造成胸脓的话，也可能导致呼吸急促。

其实，导致呼吸急促的原因多种多样，所以一时之间可能很难弄清楚原因，还是咨询医生更为稳妥，及早就医也能及时发现病情。

小田医生诊疗室

先天性心脏病也可能导致呼吸急促。如果猫咪一运动便会出现呼吸困难，不想动的现象，并且牙龈和舌头呈紫红色的话，那么猫咪就有可能患有先天性心脏病。仔细观察舌头的样子，如果怀疑有先天性心脏病的话，还是咨询医生为好。

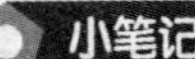

需要注意，压力过大也可能导致呼吸急促！

幼猫的特殊病情

不喝母乳 或许是哪里出现了异常

刚出生的幼猫不喝母乳的话，可能是喝不到，也可能是精神或肉体上出现了什么异常吧！

原　因

- 母猫的问题
- 生活环境的问题
- 先天性疾病

症状特征

幼猫不喝母乳，可能是幼猫的问题，也有可能是母猫或是兄弟姐妹的原因。因为初乳对幼猫来说非常重要，所以要多观察，尽早查明原因。

如何治疗

幼猫出生后 1 周内每隔 2 ~ 3 个小时，2 ~ 3 周时每隔 3 ~ 5 个小时就要喝一次母乳。母乳特别是初乳（出生后第一次喝的母乳），对于提高幼猫的抵抗力非常重要。

但是，有时母猫会出现下奶困难的情况，这可能由于生产耗费了体力。尽可能多考虑母猫的营养情况，适当调整猫食搭配及喂食次数。如果想要给猫咪补钙的话，可以适当加些牛奶、奶酪、小干鱼等食物。

【小专栏】

猫咪印象研究

喜爱猫咪的作家们

19 世纪后，猫咪经常出现在文学作品里。爱伦坡的《黑猫》就是有名的代表作。美国的马克•吐温，俄国的普希金、契诃夫等作家们都对猫咪青睐有加。

【小专栏】

了解幼猫的一切

暂且别去管

幼猫一天的大部分时间都是在睡觉。睡眠不足的话，很可能导致体质下降、呕吐、拉稀等现象的出现。所以在幼猫适应生活环境之前，暂时别打乱幼猫的生活节奏。

如果母猫还是不下奶的话，那么主人可以采取人工喂养的方式，把市场上买来的猫咪专用奶加热到我们人体皮肤的温度，喂给幼猫。

用人工喂养代替母乳喂食很可能导致幼猫出现拉稀的现象，所以要勤观察，一有反常立刻咨询医生。

也有的母猫就是不喜欢给幼猫喝奶，这样的情况下也只能采取人工喂养的方式了。

有些早产幼猫，根本没有吮吸母乳的力气，可以准备上勺子、吸嘴等工具给幼猫喂食牛奶。

如果兄弟姐妹过多，而且乳头不够的话，也可以采取人工喂养的方式。

小田医生诊疗室

人工喂养的话，要注意观察幼猫的体温。尽量要把牛奶稀释得比医生指示的还要稀一些，因为如果光考虑提高幼猫营养，喂得很稠的话，很可能出现拉稀现象。

小笔记　市场上卖的猫咪用吸嘴太大了，玩偶用的奶嘴就很合适。

8 ✦ 高龄猫咪的特殊病情 ✦

动作迟钝 老化症状之一

猫咪过了10岁就步入老年阶段了，喜欢在向阳处悠闲自在，身体开始加速老化，反应变得迟钝。

 原　因

- 因高龄带来的脊椎和关节变形
- 视力下降

 症状特征

老年之后，猫咪体内的脊椎和关节会开始变形，所以猫咪也懒得动弹。另外，由于视力下降，反应也会变得很迟钝，即使叫它，它有时也不反应，总是喜欢呼呼地睡大觉。其实，最好还是咨询下医生。

 如何治疗

随着猫咪变老，它会变得懒得动弹而且反应迟钝。另外，睡眠时间越来越长。

其实这些变化只不过是老年后的正常反应，无须特别担心。

但是，如果走路方式突然变得很奇怪，而且摇摇摆摆的话，那就很可能是脊椎和关节出了问题了。吃些消炎药或是止痛片就能缓解状况，但是要事先咨询医生。

【小专栏】

了解幼猫的一切

希望你更爱它

猫咪上了年纪后，有的主人就不再管它了。但是，就算年龄再大，猫咪也很想得到主人的疼爱，和主人一起玩耍等。所以要更加爱护猫咪，这可是猫咪长寿的秘诀哦！

由于视力下降，它也会出现看不清东西，反应迟钝等问题。如果发现猫咪身体有异常的话，可以注意观察猫咪的眼睛。如果眼睛呈白色且很浑浊的话，很可能是白内障，要马上去医院就医，接受检查并采取适当的措施。

另外，老年后的猫咪活动量下降，尽量给它喂食柔软且好消化的东西。牙齿也可能变松动，有时还可能会掉牙。宠物商店有高龄猫咪专用猫粮，也可以买医生店里的食物。

猫咪不想动的时候，如果硬把它弄起来，可能会引起心脏和肺部的毛病。尽量不要做猫咪不喜欢的事，让它度过愉快的晚年。

小田医生诊疗室

猫咪上了年纪，爱吃的东西就会有所变化，有时甚至会变得很挑嘴。那就不妨多给它几种食物，看看它到底喜欢什么吧！但是别忘了营养要均衡哟！

另外，注意别让猫咪摄入过多的盐分和脂肪，那样容易造成肥胖和肾病。

小笔记　每年一定要做一次定期检查。

9 出现肿瘤 早期发现很重要

✦ 高龄猫咪的特殊病情 ✦

猫咪上了年纪很容易得肿瘤，其实这也是老猫常见的疾病之一，但是早早进行治疗有时也能恢复。

 症 状

- 扁平上皮癌
- 乳腺肿瘤

 症状特征

扁平上皮癌多发生在白猫身上，患病猫咪耳朵边缘有红色擦伤般的痕迹。另外，乳腺肿瘤多发生在没做过绝育手术的高龄母猫身上，但是有时公猫也会得这种病。

 如何治疗

肿瘤分为恶性肿瘤和良性肿瘤两类。恶性肿瘤的话，肿瘤细胞会随着血液循环和淋巴组织扩散到全身各处。

肿瘤很小的时候，有毛发盖着，很难发现；长大的话，就很容易发现了。早发现才能早治疗，所以平日里要记得勤观察猫咪的身体变化。

【小专栏】

猫咪印象研究

西洋美术中的猫咪①

在西方的历史中，猫咪是不受喜欢的角色，《最后的晚餐》《天使报喜》里猫咪都是背叛者和邪恶势力的象征。但是，18世纪后猫咪开始以象征家庭美好和谐的形象出现。

【小专栏】

了解幼猫的一切

考虑一下猫咪小床的位置

猫咪上了年纪，睡眠时间就会变长，所以一张舒适可心的小床成了睡眠的关键。而且，老猫骨头脆弱，所以尽量把小床安置在低的位置。如果猫咪偏爱高处的话，最好准备好台阶然后清除障碍物。

得了扁平上皮癌的话，最早开始出现红肿，有角质脱落，有时还有出血现象。耳朵红肿，耳边有像是被老鼠啃过的痕迹。

可以进行外科手术通过切除耳郭来治疗疾病，当然还有放射线疗法、温热疗法等很多方法。具体治疗时还应结合猫咪的情况，咨询医生的建议。

另外，研究表明这些疾病多见于老猫，特别是在外面放养的白猫。

乳腺肿瘤如果不加治疗也会迅速扩散并且转移。患病猫咪的乳房周边出现红肿现象，皮肤变得很脆弱也容易出血，当然也会出现食欲不振等症状。

当然，这些疾病通过外科手术都可以治愈。特别是母猫的话，通过进行绝育手术能很好地预防这一疾病。

肿瘤随着猫咪年纪变大其实是很常见的，但是很难预防，所以最好是每年做一次定期检查。平时加强对猫咪的健康管理。当然，早发现很关键。

小田医生诊疗室

肿瘤这个词过于沉重，估计但凡听到这个病的主人们都会受惊不小。其实，它是老猫的常见病之一。

首先，主人们自己要冷静，然后带猫咪去做检查，早期发现是恢复的捷径。

小笔记　猫咪食欲下降后，可以减少每次的喂食分量，增加喂食次数。

10

✦ 高龄猫咪的特殊病情 ✦

肚子膨胀 观察上厕所的样子

猫咪上了年纪后，大小便经常会出现异常。如果觉得猫咪肚子看起来肿胀的话，那就先观察猫咪大小便时是否有什么不对劲吧。

 原因

- 肾病
- 慢性便秘
- 肝硬化
- 腹腔内肿瘤
- 腹腔炎
- 膀胱麻痹
- 子宫内囊肿

 症状特征

如果觉得猫咪肚子肿胀的话，可以把手放在肚子的一侧，然后从另一侧敲一敲猫咪的肚子。要是放在猫咪肚子上的那只手能感受到波动的话，就说明肚子里有积水了。如果感觉不到波动，那可能是别的原因导致的腹胀。如果肚子里有腹水的话，猫咪就会很痛苦，所以还要想办法清除腹水。

 如何治疗

如果患有肾脏不全等肾病，那么大小便就会出现异常，肚子也会出现肿胀。这其实也是老猫的常见病之一，而且这种病的治疗周期很漫长，要有耐心慢慢治疗。

【小专栏】

了解老猫的一切

饮食享受

猫咪本来是只吃定量食物的。但是，上了年纪后，身体功能衰退，它能把你给的食物全吃光。所以要结合猫咪的喜好喂食，同时还要注意肥胖和牙齿问题。好好管理饮食生活非常重要。

慢性便秘也是老猫常见病之一。原因多是食物不足，饮食生活不合理，或者是运动不够等。即使想要大便，也拉不出来；即使有大便也只是少量干硬的大便。猫咪也逐渐出现食欲下降，无精打采的情况。出现这种情况的猫咪需要马上就医，咨询医生缓解便秘。

肝硬化是由于细菌和病毒入侵破坏肝细胞造成的疾病。如果患上这种病，可能一生都要进行治疗，并且还需要定期做检查。平时多注意猫咪的饮食生活，营养要均衡，只有这样猫咪的老年生活才能过得舒适。

腹腔内膜炎或是腹腔炎的话，会造成体内腹水堆积。所以首先要去医院接受检查，然后开始合理的治疗。另外，如果是传染性腹膜炎、腹水堆积等疾病的话，现在除了隔离病猫外，还没有其他办法。

另外，也有膀胱炎和尿道疾病造成的肚子肿胀，所以平时要加强健康管理。

小田医生诊疗室

老年母猫经常会患子宫内囊肿，这种病只能通过手术进行切除。要进行手术的话，还需要提前进行血液检查，看看猫咪是否适合打麻药，提前确认猫咪的健康状况。

小笔记　没做过绝育手术的母猫即使老年期也可能会怀孕。

11

高龄猫咪的特殊病情

尿液异常 有耐心地进行治疗

小便异常也是老猫的常见病之一。有时候还不能治疗，但是如果主人多多关心的话，就能减少很多问题。

症 状

- 肾病
- 糖尿病
- 尿结石
- 膀胱炎
- 肌肉和骨头异常
- 尿失禁

症状特征

由于某些疾病的原因，可能导致小便次数增加，或是完全尿不出来等现象。这些很可能是因为猫咪的肌肉和骨头出了问题，从而导致猫咪本身不能控制小便，时常会出现尿失禁的情况。这样的小便问题也是老猫的常见病。

如何治疗

如果患有肾脏不全等肾病，那么最开始会出现大量饮水，小便次数和尿量增加的现象。如果病症恶化的话，很可能出现体重下降、食欲减退等情况，有时还会患上脱水病。

【小专栏】

猫咪印象研究

西洋美术中的猫咪②

18世纪后猫咪作为家庭美好和和谐的象征出现在西洋画里。著名画家雷诺阿就描绘过很多只爱玩的猫咪，还有俄国诗人普希金也留下了自家宝贝猫的铅笔素描。

肾病其实是老猫的常见病之一。虽然不能完全根治，但是通过治疗可以起到延缓病情的效果。食疗法是个不错的治疗方法，但是有时猫咪并不喜欢吃那

【小专栏】

了解老猫的一切

虽然猫咪变得长寿了

最近出现了能活到20岁的猫咪，而大部分猫咪的寿命是15岁左右。虽然和猫咪的分离很痛苦，但是那一天总会到来。所以要有心理准备，享受和猫咪在一起的每一天吧。

些食物。要是打算自己给猫咪做食物的话，最好还是事先咨询医师，然后耐心地进行。

猫咪患糖尿病的概率虽然没有小狗多，但是有时也会出现。由于胰岛素分泌不正常、肥胖、运动不足等原因都会导致糖尿病的发生，但是具体原因现在还不是很清楚。患病猫咪一般会出现大量饮水、尿量增加、尿床等症状。猫咪变老后不常运动，所以最好把猫咪的食物换成卡路里较低的猫粮，平时多加注意。实际上，治疗糖尿病对主人来说是个不小的负担。

肾脏、尿道、输尿管、膀胱等地方容易出现结石，猫咪患尿结石的可能性也就很大。如果尿液呈乳白色浑浊状，并且阴道处有白色黏糊糊的物体的话，就有可能是这种病。平时注意给猫咪提供健康的饮用水，饮食注意营养均衡，便能起到很好的预防作用。

如果猫咪不在厕所小便的话，也有可能是肌肉或骨头出了问题。

小田医生诊疗室

猫咪的寿命和人类一样也在逐渐增长。人类的一年相当于猫咪的4～5年。所以要好好记得自家的猫咪多大了，然后得有心理准备。

大概猫咪5～6岁的时候就会出现体力衰退的现象。

小笔记　猫咪尿不出来时，如果不尽早为它导尿，猫咪可能会死亡。

12 吃东西时很痛苦 牙齿或口腔发出的SOS

高龄猫咪的特殊病情

猫咪上了年纪后，就把硬食换成软食，或是光给它吃有味的东西，这样很可能导致牙龈问题。

 原因

- 牙龈炎
- 牙周炎
- 牙槽脓肿
- 口腔炎
- 溃疡

 症状特征

口气很难闻，嘴角沾有黑色的唾液。虽然有食欲，但是光盯着食物看，吃一口饭就会疼得需要挠挠。还有的猫咪可能会因此性情大变，情况非常严重。这种情况很难完全治愈，只能是出现疼痛时试着缓解猫咪当时的疼痛。

 如何治疗

猫咪上了年纪后，便不再喜欢吃硬食物了，变得喜欢吃软食而且还和人类一样喜欢吃有味道的东西。

【小专栏】

了解老猫的一切

接受死亡的事实

与猫咪的分离是令人非常悲伤的事情，有些主人短时间内都无心工作。从失去宝贵的猫咪的悲伤中走出来是需要时间的，即使到最后悲伤依旧挥之不去，你也要从心中将其割舍，接受死亡的事实。

可是这些东西很容易粘在牙上形成牙石，牙石留在牙齿缝隙里便会导致牙龈红肿从而形成牙龈炎。如果感染的话，很可能引发牙周炎和牙槽脓肿等。（具体参照 38 页、42 页）

得了这些疾病后，猫咪的牙齿就会变得很脏而且口臭明显、齿龈红肿，咬东西的时候牙齿疼痛明显，最后牙疼到不想吃东西，食欲下降乃至无精打采。

另外，口腔黏膜、舌头、牙龈等发炎造成口腔炎症或是溃疡的话，猫咪即使想吃，也会因牙疼而吃不下东西。口腔内的疾病疼痛起来非常难受，所以平日里要加强健康管理。

牙齿和口腔问题是老猫常见的疾病，所以要合理健康搭配猫咪的饮食，不能光投其所好。溺爱并不是真的爱，只有身体健康，猫咪的晚年生活才能够过得舒心。

小田医生诊疗室

由于猫咪怕疼，不愿意配合口腔炎症的治疗，所以不打麻药时很难给猫咪进行治疗。

最近的麻药已经有了很大的改进，而且也出现了解除麻醉的药。

小笔记 如果放任牙齿问题不管的话，很可能导致全身的疾病。

13

✦ 高龄猫咪的特殊病情 ✦

出现痴呆 宠物主人要支撑它活下去

猫咪上了年纪后，就可能会出现一些痴呆表现，这时猫咪很需要主人的帮助和热情关怀。

原　因

- 高龄带来的痴呆症状
- 精神上的压力

症状特征

痴呆症的表现有很多，比如：叫它没有反应，靠近猫咪它也意识不到，还会出现耳背的现象；有时食欲大增；有时出门后就找不着回家的路，一直在家附近徘徊；大小便不去厕所；一直睡着不起来等。

如何治疗

除了耳背引起的症状外，当猫咪一反常态，主人如果觉得有可能是痴呆症时，就要尽快咨询医生，说不定有方法能缓解痴呆的症状。

【小专栏】

猫咪印象研究

东方美术中的猫咪①

伊斯兰教创始人穆罕默德很喜欢猫咪，所以猫咪深受伊斯兰教徒的喜爱。从14世纪奥斯曼王朝起，猫咪开始出现在伊斯兰美术中。伊斯兰圣典《古兰经》里、古代民间故事里都有对猫咪的描写。

【小专栏】

了解老猫的一切

猫咪的告别仪式

心爱的猫咪去世后，就让它安息在宠物陵园吧。请为它祈祷，让它从此安息。领回遗体后将它火葬、埋葬、供奉起来。另外，最近有的主人申请要求百年之后和猫咪合葬，这些可以和寺院的住持进行商谈。

如果是疑似痴呆症的话，很可能是由于猫咪的精神压力造成的。生活环境的改变是造成精神压力的主要原因。例如，换了猫咪以前一直用的毛巾，小床被挪了地方，还有身边的一些常用东西发生了变化，都会给猫咪带来压力，那么就恢复到原先的生活环境和状态。

猫咪患痴呆症后，确实会一直睡着不起，但是说不定还有别的原因。所以还是赶快给猫咪检查一下为好，特别是老猫，病情恶化非常快，如果不提前治疗的话很可能会丧命。

患上痴呆症后，猫咪很可能会大叫不停，或者在厕所以外的地方大小便，这些确实会给主人造成很大的负担。所以这时候需要家人一起携手共同照顾猫咪，营造一个好的生活环境，这样猫咪就能没有负担没有压力地舒适生活了。

另外，如果出现了家里解决不了的问题或困难的时候，可以咨询医生。

小田医生诊疗室

如果猫咪长睡不起，那么肩膀和腰等关节很可能会受到压迫，而且还容易生褥疮，偶尔为猫咪换换身体躺卧的姿势。

另外，常叫叫它，给它做做手脚按摩，注意猫咪的身体变化。

小笔记 给猫咪铺上柔软的垫子，让它睡得更舒适。

14

✦ 公猫的特殊病情 ✦

负伤不断 将它阉割的话到了发情期也能安心了

母猫到发情期后，公猫们便会围着母猫不停地争斗。将它阉割后，即使母猫到了发情期公猫也没有反应。

 病 症

- 打架带来的外伤
- 伤口化脓

 症状特征

围着发情的母猫，公猫们经常展开大战。有时也会被母猫咬伤，所以经常会出现皮肤绽裂露着肉、耳郭被咬破等各种情况。母猫的发情期每年有2～4次，公猫们经常为了母猫争斗。

 如何治疗

大约出生 8 个月后，母猫就会迎来第一次发情期。母猫每年 2 ～ 4 次，定期发情。公猫没有发情期，但是被发情的母猫挑逗后也会发情。

这时，公猫们便会围着发情的母猫展开争夺大战。另外，为了维护自己的势力范围，猫咪们也会到处活动开展争夺。

【小专栏】

了解公猫的一切

公猫的性格

公猫一般较温和，但是爱撒娇，很有活力，贪玩，喜欢到处跑，特别调皮。作为玩伴的话，它是很合适的。它还喜欢靠在主人身边蹭来蹭去，撒娇的样子很可爱。

公猫一闻到母猫的气味便会不停地发出"喵——喵——"的叫声。如果这时出现情敌的话，便会立刻展开激战。到了发情期，猫咪们可能好几天不回家，回家后满身都是伤痕。

当猫咪回来后，如果发现它在激战中受伤很严重的话，要立刻用纱布或是毛巾捂住伤口，先进行止血（具体参照120页）。如果是被别的猫咪咬伤的话，要防止伤口感染细菌或是化脓。有时是外伤治好了，内伤还在。猫咪脸颊肿着，整个小脸圆鼓鼓的。不管是哪种情况，都要赶快进行紧急处理，但是首先还是要让医生检查。

另外，带猫咪去医院的时候，最好用洗衣网装着猫咪，以免猫咪突然发狂，抓伤主人，同时也利于检查的顺利进行。

小田医生诊疗室

公猫做完阉割手术后，母猫即使发情它也没有任何反应（具体参照188页）。这样，那段时间公猫也就不会突然特别兴奋，能够安静自然地生活了。

如果很介意发情期的那些麻烦事的话，就可以考虑给猫咪做个阉割手术。

小笔记　要是不想再增加不幸猫咪的数量的话，阉割手术是个不错的选择。

15

✦ 公猫的特别病情 ✦

屁股周围出现东西 事关重大

如果你发现猫咪把自己的屁股在地面上蹭来蹭去的话，那就有可能是肛门附近出问题了。其实，这也是公猫们常见的问题之一。

 原 因

- 肛门囊炎
- 肛门周边的炎症

 症状特征

猫咪有时很介意自己的屁股，经常在地面或是地板上蹭来蹭去，有时还会舔一舔。但是主人若是要碰一碰它的尾巴或屁股的话，它便表现得很厌烦。肛门囊炎如果放任不管的话，很可能会出血甚至破裂，有时还有可能会化脓。

 如何治疗

肛门囊是指排泄肛门分泌物的器官（参照 94 页）。如果这个器官出现问题的话，你便会发现猫咪十分关注自己的屁股。如果症状继续恶化的话，很可能出现流血化脓的情况。

发现化脓的话，要记得紧急就医，赶快采取合理救治措施。如果放任不管，那么红肿现象便会加剧，到时候就更难治疗了。另外，如果肛门囊破裂的话，需要局部用药再配合全身用药才能治愈。

【小专栏】

猫咪印象研究

东方美术中的猫咪②

在印度和泰国，猫咪是高贵地位和财富的象征。所以在东方美术里，猫咪被描绘得栩栩如生。在中国，起初是把猫咪和恶鬼等联系起来的，但是 10 世纪以后，对猫咪的描写开始偏向写实，猫咪的形象也更加活泛。

【小专栏】

了解公猫的一切

任何时候都能交配？

公猫和母猫不一样，它没有固定的发情周期，所以随时都可以和母猫交配。虽说如此，但如果母猫不发情交配就不能进行，所以说在猫咪的世界里，可能是女性握有主导权。

肛门囊炎的原因一般是屁股周围不干净或是感染了细菌等。其实只要保持屁股周边清洁卫生，这些问题是能够预防的。另外，感染了细菌而引发的炎症是慢性病而且有可能会复发，所以可以通过外科手术切除肛门囊。

肛门周边出现炎症的话，有时会便秘而拉不出来。如果发现肛门周边出现青紫色的肿胀物或是长了形状不规则的东西，就说明出现炎症了，要尽快带去医院接受治疗。

另外，虽然屁股这一问题多见于小狗身上，但是没做过阉割手术的公猫也会出现这一问题，所以平时要多留心多注意。

即使肉眼看不到，只要用手一摸也能感觉到肛门周边长了疙瘩。所以在不引起猫咪反感的情况下，可以仔细检查检查。

小田医生诊疗室

可以定期挤挤肛门囊。到时候，可能会非常难闻，所以可以带上一次性手套，用卫生纸完全罩住肛门，朝外挤一挤。但是肛门囊炎是定期发作的病症，可以咨询医生，考虑切除肛门囊。

小笔记　很多猫咪不喜欢人碰它的肛门，所以做肛门检查时要特别谨慎。

16 公猫的特殊病情

大小便不畅 尿不出尿来？大便不畅？

大小便不畅是公猫们常见的问题之一，所以加强平时的健康管理非常重要。

原　因

- 尿道炎
- 尿结石
- 前列腺炎
- 前列腺肥大

症状特征

公猫常见的尿道炎、尿结石、前列腺炎、前列腺肥大等都会导致大小便不畅。想大小便的时候，长时间太过用力还可能诱发别的疾病。经常有主人到诊所咨询说，“猫咪在厕所半天也拉不出来”，实际上猫咪是尿不出来，这种情况很常见。所以到底是拉不出还是尿不出，主人们还是要观察得仔细点。

如何治疗

有时即使想方便但是却方便不出来。

患上尿道炎（参照 88 页）或尿结石（参照 90 页）的话，小便的通道会因为结石、炎症被堵塞，所以就尿不出来了。保持阴部清洁的同时，还要

【小专栏】

了解公猫的一切

建议阉割

猫咪过了一岁就是成年了，也就能繁育下一代了。如果自家的猫咪是放养的，但是并不希望它繁育下一代，这种情况下就建议给猫咪做个阉割手术，要不然只会招致下一代的不幸。

记得随时为猫咪准备上干净清洁的饮用水。

前列腺是分泌精液的器官，如果前列腺患上炎症后，就会出现拉不出来的现象，有时膀胱也会受到影响导致尿不出来。另外，也会伴有发烧、呕吐、食欲不振等症状。

前列腺肥大并不常见，但是高龄的公猫有时也会患上这一疾病。不做手术的话，很可能引起其他并发症。所以若是觉得猫咪大小便不正常，就要及时咨询医生。

泌尿器官、前列腺等地方的疾病会带来剧烈的疼痛。因为大小便困难，也就不去厕所了。不管是哪种情况，只要是觉得猫咪大小便不正常，就要赶紧就医。放任不管的话，可能会引起其他并发症。

小田医生诊疗室

公猫尿道很窄，所以很容易出现尿不出来的麻烦。随时为猫咪准备好清洁干净的饮用水，保持厕所的卫生。另外，尽量给猫咪提供些容易大便的食物。

小笔记　给公猫做定期检查的话，别忘了检查前列腺。

17

✦ 公猫的特殊病情 ✦

精巢肿大 偶尔摸一下确认情况

如果你发现猫咪时不时地舔自己的阴茎，很可能就是精巢出问题了。如果精巢肿大，那么猫咪肯定很痛苦，也不喜欢别人碰。

原 因

- 打架造成的外伤
- 阴囊炎
- 精巢炎
- 精巢肿瘤

症状特征

阴囊和精巢出现炎症的话，很可能会肿胀。因为伴有疼痛、发热等症状，所以公猫会时不时地舔舔自己的阴茎，而且走路方式也和以前不大一样了。有时甚至会出现阴囊破裂流脓的现象。

如何治疗

阴囊炎有时是因为打架出现的外伤引起的。另外，精巢炎出现得比较少，一般是公猫们打架时咬伤、磕碰等外伤引起的并发症。

阴囊炎或精巢炎多发生在容易受外伤的地方，为此，受伤后赶紧治疗可以说是一种预防方法。

【小专栏】

猫咪印象研究

日本美术中的猫咪

在日本，猫咪是和恶魔联系在一起的形象。但是，进入18世纪喜多川歌麿、安藤广重等浮世绘画家们开始进行与西洋绘画不同的写实性描绘。特别是歌川国芳素来喜欢猫咪，在《东海道五十三次》里描写了很多猫咪。

【小专栏】

了解公猫的一切

猫爸爸的责任

如果生下的幼猫无法抚养的话，还是应该尽一尽作为猫爸爸的义务。可以问问附近的邻居、熟人，或者是在市区的公告栏张贴海报，也可以通过互联网为幼猫寻找养父母。

如果是隐睾（精巢下不来）的话，从外边看无法判断。所以即使出现肿瘤有时也察觉不到。为了预防这类疾病，可以通过外科手术摘除精巢，但是要事先咨询医生。

另外，猫咪出生时，精巢是从阴囊内出来的。出生 4 ~ 6 周后，用手根本摸不到。另外，有隐睾情况的公猫，它们的精巢在腹腔里或是在腹股沟部分（大腿根的内侧），所以猫咪老年后得肿瘤的情况比较多。

如果精巢红肿化脓，猫咪便会出现发热、食欲下降等情况。如果猫咪特别在意自己的隐睾的话，就会经常舔，有可能会把皮肤弄破，导致化脓。那样的话，治疗就会很费时间。所以只要意识到了有病就要尽快就医，早治疗早康复是自然不必说的。

小田医生诊疗室

如果幼猫是隐睾的话，其实通过手术也能预防疾病的发生。即使不做手术，平时也要加强管理，要是出现了问题记得随时咨询医生。

小笔记 隐睾的温度低于体温，所以要是隐睾发热那肯定是出现紧急情况了。

18 进行阉割手术 会进行麻醉所以感觉不到痛

公猫的特别病情

在小猫六个月后，就随时都能进行阉割手术了。但是手术前还需要提前做很多准备，所以需要注意。

手术前准备事项

手术最好在猫咪身体健康的时候进行，并且术前要接种各种防止病毒感染的疫苗。最好在医院给猫咪做个健康检查。

另外，手术的前一天要控制猫咪饮食和喝水的量。并且，手术当天最好别给猫咪吃东西。因为如果吃了东西，猫咪很可能会在手术中出现呕吐现象。

手术时间及费用

手术时间大约 10 分钟。算上准备时间和麻醉时间的话，30 分钟～1 个小时就可以完成。另外，手术前会打麻药，所以手术基本上没有什么痛苦。

有的医院可能为了麻醉效果，要求住院。但是一般第二天就能出院了。

手术费的话，不同地方不同医院各不相同。所以可以多转几家比比看。一般来说，费用比绝育手术费要便宜。

【小专栏】

了解公猫的一切

做了阉割手术的公猫的心情

做过手术的猫咪就不会经常外出，会老老实实地待在家里。每天过得悠闲自在，也很享受吃食，自然也会长胖。总之，主人再也不必为母猫发情期该怎么办而发愁了。

阉割的效果

做了阉割手术的公猫，再到母猫每年2～4次的发情期时，没有丝毫反应。

猫咪没有发情期了，所以自然也就不会和别的猫咪打架了。生活平静安稳，发情期时离家出走的情况也就减少了，自然也就能避免交通事故了。

另外，最好在公猫发情前（公猫发情时到处撒尿）就去做阉割手术。这样的话，公猫就不会有发情的现象出现了。

手术后的注意事项

术后，要根据医生的要求让猫咪好好静养。

阉割手术后，猫咪就会出现逐渐肥胖的迹象。所以要合理控制饮食，别把猫咪喂得过于肥胖。

小田医生诊疗室

阉割手术不仅能预防公猫特有的疾病，也是减少流浪猫出现的一个好手段。如果觉得自家猫咪还得做手术很可怜，那么请想想那些被人丢掉和杀掉的猫咪吧！

小笔记 阉割手术就是通过摘除精巢，让其失去原有的功能。

19 ✦母猫的特殊病情✦

乳房肿大 此事可致命

猫咪并没怀孕，可是乳房却很肿大。这可能就是乳腺出问题了。而且，有时乳腺的问题还会有生命危险。

原　因

- 乳腺瘤
- 乳头炎
- 乳房肥大

症状特征

母猫从怀孕开始胸就开始变大，生产后，乳房当然更大。但如果母猫没有怀孕、生产乳房却变大，就说明乳腺出问题了。如果是乳腺瘤的话，乳头上会有硬块状的东西，而且乳头会红肿。有时，还会有黄色、褐色的分泌物流出。

如何治疗

如果是乳腺瘤的话，乳房会肿胀而且有硬块。和小狗比，猫咪患乳腺瘤的比例很低，可是恶化的比例却比小狗高得多。

【小专栏】

猫咪印象研究

近代美术中的猫咪

进入 20 世纪后，猫咪在全世界受到人们的喜爱。喜欢猫咪的画家有很多，日本的藤田嗣治、德国的弗兰茨•马尔克、瑞典的保罗•克利、美国备受瞩目的大众艺术家安迪•沃霍尔等。

【小专栏】

了解母猫的一切

母猫的性格

母猫一般比较可靠，给人安静稳重的感觉，不是特别亲近人。但是也有人觉得母猫比公猫好养。

猫咪有四对乳头，乳头成对患肿瘤的概率更高。症状主要变现为乳房红肿、发烧、无精打采、没有食欲等全身毛病。和其他病一样，最好是早发现早治疗。如果觉得猫咪乳房周围有肿块就要立刻咨询医生。如果是乳腺瘤的话，这和雌激素的分泌有关系，所以通过绝育手术可以起到预防作用。（参照196页）

乳头炎是哺乳期间常见的疾病。幼猫吮吸母乳、小爪可能还会抓母乳、湿疹等原因都可能造成乳房红肿，渐渐地母猫也就拒绝哺乳了。有时可能引发乳房炎，所以还是尽早就医，咨询医生。

乳房肥大不单是哺乳期间奶水增多引起的，有时还可能和雌激素的分泌有关。乳腺肥大，同时还伴有发热、疼痛等问题。一抓住猫咪的乳头就会发现有红褐色的分泌物流出。如果不管的话，很可能出现化脓的情况，所以还是要尽早接受治疗。

小田医生诊疗室

如果是乳腺瘤的话，可以通过手术切除肿瘤，但是还是有复发的可能性，并且治疗很花时间，但是千万不要放弃，要耐心地和病魔做斗争。

另外，为了给猫咪增强体力，可以给猫咪喂些比较有营养的猫粮。

小笔记 生孩子后猫咪不愿哺乳，这就是乳房生病的征兆。

20

母猫的特殊病情

出现白带 可能是子宫出现异常

阴部出现白带、出血或带有黏液的症状主人一般难以发现，特别是对于没有接受绝育手术的母猫要特别注意啦。

原 因

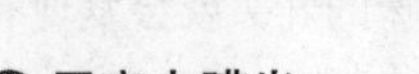

- 子宫内膜炎
- 子宫蓄脓
- 膀胱炎

症状特征

有时你会看到白带、血液、黏液或分泌物，且猫咪出现无精打采、食欲下降、饮水过多等症状。另外，如果猫咪得了膀胱炎的话，除了白带，你还会发现小便带血的症状。母猫舔舐阴部就可能是出现白带了，这时要多加注意一下。

如何治疗

子宫内膜炎即子宫的内膜发炎，这可能是不孕症的原因。虽然会出现白带增多的症状，但是主人多发现不了。哺乳中的猫咪会出现奶汁不畅，甚至挤不出奶汁来的情况。急性子宫内膜炎是因子宫内细菌感染导致的发炎，置之不理的话可能会致命。

【小专栏】

了解母猫的一切

发情周期之谜

母猫 1 年会有 2 ~ 4 次发情期。每次大约持续 3 ~ 10 天，这段时期没有怀孕的话，1 个月后会再度发情。发情时发出独特的叫声，一碰它就咕噜咕噜地叫，外出时间变长，还会出现乳头膨胀等身体上的变化。

子宫蓄脓是指子宫内侧脓水堆积的疾病。猫咪发情时，细菌侵入子宫，引起发炎，最终导致化脓性子宫内膜炎或慢性子宫炎。这种疾病主人多发现不了，他们多是因猫咪无精打采，食欲下降却喝水过多而将猫咪送到医院。子宫蓄脓有开放型和闭锁型两种。猫咪的发病率要比狗狗小一些，但没怀孕过的猫咪容易得这种病。

无论是子宫内膜炎还是子宫蓄脓，内科外科都有治疗方法，但是，病情复发率高，若想彻底治愈，就需要进行卵巢子宫摘除手术。若不及时治疗，可能会导致子宫破裂，肚子出脓，所以一旦觉得异常时，赶紧咨询医生。要是不需要让猫咪生宝宝的话，接受绝育手术即可起到预防作用。

除此之外，得了膀胱炎的话，也会出现白带，还会出现小便带血的症状。（参考 90 页）

小田医生诊疗室

1 年迎来 2 ~ 4 次发情期的猫咪不会像狗狗那样出血。猫咪排卵属于交尾排卵，通过交尾刺激来排卵。

要是不想要猫宝宝的话，可以通过绝育手术来预防子宫疾病。

小笔记 子宫蓄脓是老猫多发病，但年轻的时候也会发生。

21 母猫的特殊病情 番外篇

怀孕 把能做的都做好

猫咪交尾后，大约4周时间就能够知道是否怀孕。怀孕期为60天左右。知道猫咪怀孕后，好好地为生产做准备吧！

让猫咪度过舒适的怀孕生活

怀孕中的猫咪特别神经质。为了让它舒适地生活，多加留心，避免剧烈运动，因为会有流产的可能。

怀孕后3～4周，猫咪的屁股周围会变脏，这时尽量避免洗澡，轻轻擦拭一下即可。

孕期将食物替换为通常之2倍能量（卡路里）的食物。比起增加食物量来，尽可能地提供高能量的食物比较好一些。

以防万一准备好这些东西

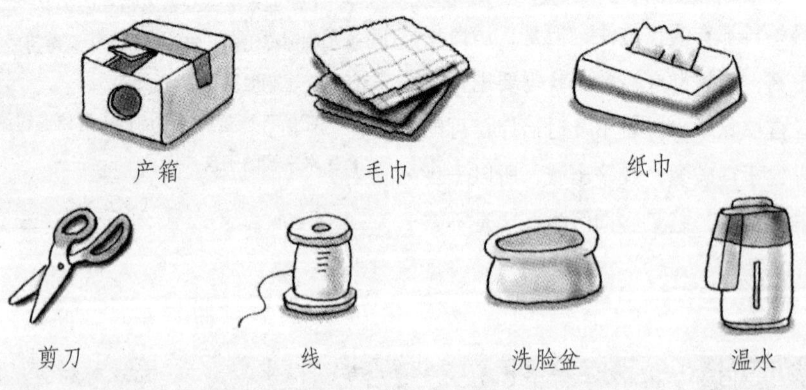

生产准备

知道怀孕后，就好好地为生产做准备吧！

准备安静的场所和产箱。产箱要做好进出口，箱顶做成非开放式的，有顶棚猫咪才能安心地生产。另外，有些猫咪不做产后处理，所以准备好剪刀、线、毛巾、纸巾、温水和洗脸盆等。

马上生产

临近生产，猫咪会慌乱起来。阵痛间隔变短，随着疼痛越来越强而变得没有食欲。进到产箱后就一动不动的话，这就是快要生了。

生下宝宝后，猫咪会咬断生下来的小猫的脐带，舔掉包裹在小猫身上的黏膜。这种时候，若猫妈妈什么都不做的话，主人就要用绳子绑住脐带的 2 处用剪刀剪断，不然小猫咪就会死去。然后把小猫咪身上的膜擦掉。

之后，接下来的阵痛会将胎盘挤出。通常猫咪会将胎盘吃掉，之后猫妈妈就会给宝宝喂奶。

还有，若猫妈妈没有母乳，或是不愿授乳的话，主人就不得不去照顾猫宝宝啦。这时，可以给猫宝宝喂点温温的奶粉。

【小专栏】

了解母猫的一切

孕期多关心一下

孕期中的母猫变得特别神经质，所以要给它提供一个舒适的场所。另外，从高处跳下对肚子里的宝宝不好，所以把它抱到低处。适度的运动是必需的，但猫咪间的打斗会导致流产，所以要格外注意。

小田医生诊疗室

知道猫咪快生的时候，提前告诉医生一下会比较安心。阵痛后胎儿不出来，宝宝出来一部分猫咪就没有力气生产了，出血严重等时候你就要迅速应对啦。

小笔记 生产前一周左右去医院进行一次检查。

22 ✦母猫的特殊病情✦ 番外篇

进行绝育手术 会进行麻醉所以不痛

出生6个月到1年后随时可进行绝育手术。即使是怀孕了，初期也是能够进行绝育手术的，但是临近分娩的猫咪进行绝育手术的风险较高，所以还是要尽量避免的好。

手术前准备事项

绝育手续和阉割手术一样，手术前要保持身体健康。该接种的疫苗要进行接种，去医院进行健康诊断。

另外，手术前一天，控制一下饮食量，手术当天不要吃任何东西。因为吃东西的话，手术过程中会出现呕吐症状。

手术时间及费用

算上手术准备及实施麻醉的时间，绝育手术一个小时左右就能结束。因为要切开腹部，所以大多数的医院都会让你办理2天1夜的住院手续。当然，也有一些医院能够当天出院。

费用有麻醉费、手术费、后期治疗费，有时还需要入院费。为了避免不幸猫咪的增加，医院会将费用控制在最低水平。各医院的费用基本没有多大差别，所以一旦有什么情况，选择一个附近的医院即可。

【小专栏】

猫咪印象研究

漫画中的猫咪

进入20世纪后，猫咪出现在全世界漫画中。首次出场的是美国乔治•海瑞曼（George Herriman）的《疯狂猫》（Krazy Kat），之后是奥托•梅斯默（Otto Messmer）的《菲力克斯猫》（Felix the Cat），紧接着《猫和老鼠》等备受欢迎的漫画也面世啦。

手术后的注意事项

手术后10天左右可拆线。接受绝育手术后，请让猫咪安静地待着直至拆线。

根据猫咪健康状况的不同，主人需要注意的事项也不尽相同，可以咨询一下负责手术的医生。

接受手术后，猫咪不会有什么大变化，应该不会有体型变化等的影响。

【小专栏】了解母猫的一切

进行绝育手术

进行绝育手术的话，雌激素不再分泌，所以猫咪会恢复到成年前的幼年状态。因此，猫咪就会一直保持幼小的状态生活下去。另外，与雌激素有关的疾病减少，怀孕生子带来的体力负担也会减少，所以一般猫咪会长寿。

绝育的效果

接受绝育手术能够预防子宫疾病、卵巢乳腺肿瘤等。

最大的效果就是能够避免不期而至的妊娠，这样能够减少主人对迎来发情期的猫咪的担心吧。

另外，猫咪不会再有发情期，所以不会再发出怪叫，公猫也不会聚集到一起吵吵闹闹打架啦。

小田医生诊疗室

绝育手术需要开腹，这对猫咪来说是件严重的事情。但是此手术是针对健康猫咪实施的，可以说危险性较小。你或许会想“给猫咪做绝育手术多可怜啊”，在这么想之前，考虑一下不期而至的怀孕带来的幼猫会被丢弃的事实吧。

小笔记　绝育手术就是开腹后摘除卵巢和子宫的手术。

医生的总体建议

<不要增加不幸猫咪的产生>

对于养猫人来说，必不可忘的就是抛弃猫咪的问题。“猫咪是养了，但是坚持不下来”“因为要搬家所以不得不把猫咪抛弃”等，因人们这些任性的理由而被抛弃的猫咪该怎么办呢？

被抛弃猫咪的去处

被送到市区村镇的保健站、动物爱护中心的流浪猫之后会是怎样的命运呢？

幼猫多会被人领养，也有一些为医学的进步做出了贡献。

但是，剩下的绝大多数流浪猫没有什么去处，几天后就被处理掉了。

养猫咪要有责任心

养猫的人当中有些人会因“它生病了”或“养猫太麻烦”等自私的理由而抛弃猫咪或是放任不管。另外，还有些人不想让猫咪生小猫却让她怀孕了。

为了避免这种不幸猫咪的增多，主人一定要心怀责任感。

为了避免不期而至的妊娠，阉割或绝育是较好的方法之一。大家可以参考188页的“进行阉割手术”及196页的“进行绝育手术”，并咨询一下医生。

如果不能继续饲养的话

虽说养猫要有责任心，但是万一因什么理由而无法继续饲养的话，大家到底该怎么办呢？答案有一个，那就是寻找一个能饲养猫咪的养父母。在信息化社会的今天，你可以通过网络等各种各样的方法去寻找。即使会花费一些时间，也要找到养父母，将责任履行到最后。

有些人还会将抛弃的猫咪放入纸箱后放到动物医院门口，不要这么做。医院不是收养遗弃猫咪的收容所，这样你会因责任感而备受谴责的。

不要丢掉热爱动物的那份热情

我们人类与动物互助互爱共同生存在这个世界上。通过饲养动物，人的心会变得柔软，热爱动物的心情能够得到满足与认同。

想要养猫咪时，认真考虑自己是否能够照顾它到最后，然后决定养不养。一旦坚定了养猫的意志，就要把这种心情保持到最后。

第五章

（怎么办？）纠纷处理法

在别人家院子里大小便

被邻居抱怨，你的猫在邻居家的院子里大小便，给别人带来了麻烦，这样的可能也是有的。

可以考虑到的可能性

- 在邻居家的院子里大小便
- 把邻居家的院子作为地盘
- 把邻居家的院子作为游乐场

状　况

在外边饲养的猫咪自不必说了，即使是在屋里饲养的猫咪也不例外，对于饲养那些可自由出入的猫咪的人来说，这是经常会出现的情况。

如果被你的邻居抱怨说“你的猫咪来我家的院子啦”或者“怎么办，好像是大便了”等的时候，只要不是一直关在屋里的猫咪，出现这种状况的可能性是非常高的。首先应该赔礼道歉。

如果猫咪的脖子上戴了脖圈的话，就能够很快弄清楚是哪只猫咪带来的麻烦，就可以这样确认一下“是戴脖圈的猫咪吗？”如果是否定回答的话，就不是你的猫咪，你就可以放心了。

如果是不外出的猫咪，为了防止被误会，要把具体情况跟邻居好好地说清楚，让邻居明白这只猫咪是不会给附近的人带来麻烦的。

如何处理

首先要确认一下事实的真相。

当猫咪没有戴脖圈的时候，要确认一下除自己的猫咪之外，附近是不是还有其他猫咪出没，会不会是那只猫咪惹来的麻烦等。另外，如果有时间的话，观察一下自家猫咪的活动，这也是解决方法之一。

如果确认真的是自己的猫咪给邻居家带来了麻烦的话，要很真诚地去道歉，保证自己的猫咪下次不会出现类似的情况。

如果去宠物店的话，店里出售不让猫咪靠近的避忌剂，喷雾型的、投放型的都有。还有，清凉的薄荷香也有同样的效果。买了这些东西，然后洒在向你抱怨的邻居的院子里就可以了。

除此之外，还有一个方法，就是不让自己的猫咪自由外出。但是，把一直自由外出的猫咪突然关在屋里是一件非常困难的事情。

设法得到邻居的理解，提出今后猫咪不再到邻居院子大小便的对策，给猫咪留一个易于生存的环境。为此，主人要满怀诚意地去道歉，传达出自己的心情和想法是很重要的。

解决对策中的王牌

站在对方的角度设身处地地去想一下。对于因别人的猫咪而给自己带来麻烦的一方来说，猫咪就像是打乱自己安稳生活的敌人一般。

首先诚心诚意地去道歉，认真听取对方的不满，充分地商量一下今后的对策。

2 把外面的猫咪弄伤了

如果猫咪受伤了，那就可能是被某个地方的猫咪和狗狗弄伤的，弄清楚对方是谁，马上采取应对措施。

可以考虑到的可能性

- 在一年 2 ～ 4 次的发情期内，为了争夺母猫，公猫之间展开斗争来吸引母猫
- 为了守卫自己的地盘，攻击侵入的猫咪和狗狗
- 为了自我防卫跟靠近的猫咪和狗狗展开斗争

状　况

经常能看见在一年 2 ～ 4 次的发情期内，公猫们为了争夺母猫展开斗争，也能听到喵喵叫唤的争吵声。

还有，威胁侵入自己的地盘的其他猫咪或者其他动物，进而演变成打架。或者是在散步的途中狗狗突然扑过去，或者是与其他动物擦身而过引起的争斗，为了保护自己，猫咪会使用尖锐的爪子和牙齿来攻击。

这种争斗不仅仅会使对方的动物受伤，自己的猫咪也受伤这样的情况是很多的。由于互相抓伤咬伤，弄得全身都是血，不仅如此，伤口还会化脓。

阻止猫咪打架是一件困难的事情。如果你的猫咪打架受伤回家了，应该马上采取应急治疗，家里应该常备猫咪专用的急救箱。

如何处理

如果你正好在打架现场的话，应该看看受伤的动物，确认一下受伤的程度。如果是爪子抓伤和咬伤的话，有可能感染细菌。

如果知道另一只猫的主人的话，即使那一只猫受轻伤也应该马上道歉，并且还应该马上向对方确认受伤程度，然后询问一下是否需要去医院。即使对方客气地说："不用去医院。"也应该尽可能地带着去医院比较好，这样可以避免以后的麻烦。

另外，如果对方猫咪受伤比较重的话，真诚的道歉自是不必说的，还应该带着对方猫咪去它一直看病的医院，或者去附近的医院，或者去自己的猫咪一直看病的医院。根据伤口的情况，有时候会需要缝合伤口，应该持续关注它的伤情直到对方的猫咪完全康复为止。

为了今后不再出现类似的受伤情况，应对处于发情期没有进行绝育的母猫和对母猫的声音产生反应而没有阉割的公猫考虑实施绝育、阉割手术。不仅可以防止打架，也可以消除意外受孕带来的不安，最重要的是可以预防不幸猫咪的增加。

解决对策中的王牌

有时候另一方的猫主人会比较激动，这时，首先要道歉。然后，认真地听对方的陈述，让对方冷静。

接着商谈如何处理受伤的动物以及相关治疗费等的问题，最后取得互相理解。

3 与外面的猫咪发生关系

母猫怀孕日期大约是60日，交配之后大约2个月就可以分娩。如果不马上处理的话就会变得很严重。

可以考虑到的可能性

- 被发情期的母猫诱惑而发情的公猫与母猫交配，使母猫怀孕
- 还没有考虑要小猫咪，但是不知道什么时候就已经怀孕了

状　况

没有进行绝育的母猫，一年会有2~4次的发情期。到发情期的时候，因被母猫诱惑，没有阉割的公猫也会发情。

即使是在屋里养的猫咪，如果听到“喵——喵——”的独特叫声，也会变得兴奋不安，一旦外出怎么也不愿意回家。

母猫交配后3～4周就可以知道有没有怀孕。在充分考虑是否饲养新出生的小猫咪这一问题之后再决定是否让小猫咪出生。如果决定不饲养小猫咪，在小猫咪出生前2个月，寻找小猫咪的养父母。如果公猫的主人也知道母猫怀孕的事情，也应该协助寻找小猫咪的养父母。减少不幸的猫咪数量是每个养猫人的责任。

如何处理

意外怀孕的时候，也可采用人工流产来终止妊娠。如果决定要放弃分娩，应该马上去医院给猫咪做手术。时间拖得越久，母猫的负担就会越重。

另一方面，如果决定分娩的话，应该马上寻找小猫咪的收养人。一只猫咪一次大约生 2 ~ 6 只小猫咪。同时要为怀孕的猫咪营造一个舒适的环境，供分娩的时候使用。（参照第 194 页）

询问一下一直去的宠物医院、宠物发烧友、自己的亲朋好友，或者利用市区城镇的宣传栏，或者张贴海报、散发传单，或者通过互联网等来寻找想要养猫的人。

解决对策中的王牌

如果不希望让猫咪怀孕、分娩，公猫出生 6 个月以后，母猫出生 6 个月 ~ 1 年以后，如果健康状况良好，随时可以接受阉割、绝育手术。手术本身不是很难，请一定要接受手术哦。（参照 188 页、196 页）

4 猫咪的叫声太吵

“叫声太吵了”，这样的抱怨对每个养动物的人来说是经常遇到的麻烦。正因为如此，这也成了必须要警惕的问题。

 可以考虑到的可能性

- 因为某些病和伤叫唤
- 因为地盘被别人入侵，开始打架
- 因为是发情期，追求配偶而叫唤

 状　况

因为一些病症，伴随疼痛而叫，或者因为受伤感到痛苦而叫。在叫唤的同时，猫咪可能会出现呕吐、腹泻、食欲不振等一些疾病症状。除此之外，患老年痴呆症的高龄猫咪也会一直叫。

再者，认为是自己的地盘，别人靠近或者通过，也会引起猫咪叫唤。根据情况不同，有时候也是开始打架发出的叫声。

或者，母猫一年会迎来 2 ~ 4 次的发情期，这时就会发出“喵——喵——”这样独特的叫声。被这样的声音诱惑，公猫也同样会发出叫声。

因为有这样的叫声，就会经常听到来自邻居的抱怨，引起纠纷。正因为如此，饲养猫咪的主人应该担起很大的责任。

如何处理

对于和孩子、高考生、老年人以及病人一起生活的人们来说，猫咪的叫声是很吵的。因为给一方造成了困惑，因而被抱怨，这时应该马上道歉。还有，平时也要说“一直给您带来麻烦”这样的话。

猫咪的叫声在发情期会尤其吵闹。为了避免发情期，应该给猫咪做阉割、绝育的手术来避免发情期的叫声，从而预防给邻居造成困扰引发的纠纷。

如果是生病或者是受伤的原因引起的鸣叫，如果上述原因消失的话，猫咪就不会叫了。为此，平时应该仔细观察猫咪的样子，一旦有异常，立刻就能知道。

如果注意到猫咪生病或者是受伤的话，应该尽自己的所能采取应急处理。不要给猫咪使用适用于人类的药，也不要在搞不清楚原因的情况下就擅自使用自行购买的药品。

因为无法控制占有欲望比较强烈的猫咪对入侵者示威的叫声，所以，只有尽力研究出对策来。

在住宅密集地，只在室内饲养，应该考虑阉割、绝育这样的对策来避免猫咪发出叫声。

解决对策中的王牌

平时，和邻居要和睦相处。并且，如果自己的猫咪叫得很吵，第二天应该登门道歉：“昨天吵到您了，实在对不起。”这样的担心和道歉是十分重要的。

5 把蜥蜴或小鸟弄死了

猫咪原本就是狩猎动物，喜欢把蜥蜴、小鸟、老鼠作为猎物，追赶或者是叼在嘴里。

可以考虑到的可能性

- 在追赶蜥蜴和小鸟的过程中把它们杀死
- 嘴里叼着已经死的蜥蜴和小鸟回家

状　况

猫咪在一出生就拥有猎守小动物的习性。它们会悄悄地接近猎物，飞跳起来咬住猎物。

特别是小猫咪喜欢耍弄活动的东西，然后慢慢地锁定目标，突然跳起、按住、咬住。

长大后，猫咪喜欢与小动物玩耍，反复地让小动物逃跑然后再去捕捉，以此来玩弄小动物。

通过这样反复的练习，来提高自己的捕猎能力。

但是，猫咪在玩耍的时候，也有时会把小动物杀掉。弄死别人的宠物的情况也是有的。

作为饲养宠物的人，都不希望有事故发生。但是万一发生了，就必须承担起主人的责任。

如何处理

有时候猫咪嘴里叼的小动物有可能是邻居饲养的小鸟或者金鱼之类的动物。如果发现这种情况，应该马上去道歉，并询问一下对方要如何处理这件事情，尽力做能做的事情来弥补。

有时候也会出现和猫咪一起饲养的宠物死掉这样的情况。平时，应该把小鸟等小动物放在猫咪跳起来够不着的地方。

猫咪从小时候就从猫妈妈那里学习捕猎的方法。所以在小时候不练习捕猎的猫咪，即使是长大了，也不会在与蜥蜴、小鸟等小动物玩耍时杀死它们。

并且，猫咪由于被给予了足够的食物，即使是把小动物杀掉了，也不会把它们吃掉，据说是没有吃的心情。但是，不吃掉却会叼在嘴里带回来。

猫咪把猎物叼在嘴里拿回来给主人展示，引起主人的注意，赢得主人的夸奖。这时候，即使会令人很不愉快，但也不要责骂猫咪了。猫咪会因为成功狩猎，而变得得意扬扬。

解决对策中的王牌

如果弄死了邻居的宠物，要真诚地去道歉，不要自认为这是猫咪的本性，是没有办法的事情。让不平静的人冷静下来，然后商量如何处理。虽然在发生这样的事情之后想要修复彼此之间的关系很难，但是还是要尽力拿出诚意去做。

6 不回家

猫咪偶尔会离家出走，特别是到发情期时，为了寻找伴侣，就会出现一段时间不回家的情况。

可以考虑到的可能性

- 一段时间不回家
- 在别人家里
- 因为事故，在医院
- 已经死了

状　　况

如果猫咪对自己生活的环境感到不舒服的话，就会离家出走，寻找更加舒适的环境。并且，一到一年中2～4次的发情期，为了寻找伴侣，也会出现一段时间不回家的情况。

如此来看，离家出走的原因有很多，但是如果不是处于发情期这一原因的话，就应该回头看看猫咪的生活环境问题。

好一点的情况是在离家出走的途中被别人捡到，然后在这个人的家里生活。但是，也有令人伤心的悲惨状况，比如遭遇交通事故等，在医院接受治疗，或者有可能已经死掉了。

如果猫咪没有回家，各种原因都应该考虑到。如果等了一段时间还没有回来的话，就应该利用各种手段来寻找猫咪。

如何处理

虽然猫咪有时会因为处于发情期而不回家，但是如果不是特定的时期，而猫咪却没有回家的话，要马上思考寻找手段。

联系城镇街道管理人员、警察、经常去的医院等，确认下落不明的猫咪是不是在闲逛，是不是遭遇了交通事故。

然后，寻找家的周围以及被认为是猫的领地的地方。因为猫咪是夜行动物，晚上寻找比较好。

再者，在家附近张贴海报，依靠邻居的帮助来寻找。如果有时间的话，到处询问也是很重要的，或许能够得到证人证言。

利用因特网，依靠网络的力量也是办法之一。如果拥有个人主页，可以在主页上发通知，还有就是在集结了猫咪发烧友的网站上刊登寻猫启事等，采取各种各样的办法。

你有可能很快就找到了猫咪，但也有可能花了很长时间也找不到。根据情况不同决定是否要继续寻找，有时候猫咪也会在别人家里被喂养。

解决对策中的王牌

从小的时候就可以给猫咪戴上脖圈，虽然它不喜欢，但是如果缠上丝带，慢慢地习惯的话就没有问题了。

脖圈上要清楚地写上主人的名字、住所、联系电话等，即使离家出走，找到的可能性也比较大。

7 把人弄伤

虽然想极力避免意外事故的发生，但是如果万一发生了事故，首先要去道歉，然后马上带着受伤的人去医院。

可以考虑到的可能性

- 猫咪挠伤了人
- 猫咪咬伤了人
- 猫咪咬断了人的东西

状　　况

客人来家里做客，在跟猫咪玩耍的时候，被猫咪挠伤，或者升级为被猫咪咬住不松口，从而使客人受伤。

再者，跟客人的衣服或者是包包玩耍的时候，把这些东西弄坏、咬断的事情也时有发生。

像这样，客人来养猫咪的人家里做客的时候，当然不希望由猫咪引起纠纷。

除此之外，也要考虑这样一种情况，出面调解猫咪之间战争的人被猫咪挠伤或者被咬伤。这个时候，因为猫咪处于相当激动的状态，人被伤得很重的情况也是有的。

把人弄伤这样的事情在各种状况下都可能会发生。平时要十分注意，尽量避免这类事情发生。

如何处理

因猫咪而受的伤从轻伤到性命攸关的重伤千差万别，虽然这在程度上有差别，但是自己饲养的猫咪弄伤了别人，就要马上赔礼道歉，猫主人必须好好地承担起责任。

首先要跟受伤的人一起去医院，然后向医生说明受伤的情况等。因为猫咪也可能传染疾病给人，因此要认真对待，疏忽大意是大忌。

根据情况的不同，有时虽然不一定仅仅是猫咪的错误，但是别人确实受伤了，这是不变的事实。首先还是去赔礼道歉比较好。

要仔细地考虑一下对策，使弄伤别人的猫咪不会再一次发生类似的事情：把猫咪的指甲剪短；客人来的时候，不让猫咪靠近或把猫咪放置在没人的房间里等。

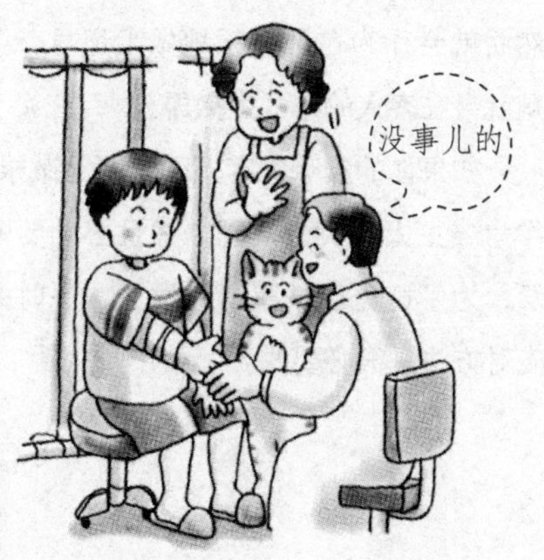

解决对策中的王牌

由于猫咪弄伤别人引起的事故也有个人赔偿责任保险的。如果是猫主人监督不力造成的，有时是会没有保险赔偿的，要特别注意。

保险公司不同，保险内容、保额、赔偿条件等是不同的，在充分的比较之后再决定是否要加入。如果加入宠物保险，有时会帮到大忙的。找到适合自己的保险公司，无论是在精神上还是在金钱上都是可以减轻家庭负担的。

8 往人的东西上撒尿

公猫的喷尿行为和尿尿不同，是宣言自己领土的一种方法。阻止猫咪喷尿是很难的一件事情。

可以考虑到的可能性

- 误认为是新的家具而在上面尿尿
- 为了守卫自己的领地而撒尿

状　况

撒尿是公猫扩张自己的领地范围，或者宣言自己的地盘的行动。这种做法是这样的，猫咪把尾巴直直地竖起，保持这样的姿势，在后边很快地把尿撒出来。

猫咪尿尿的时候，虽然也去厕所蹲下撒尿，但是这和喷尿的这种行动是完全不一样的。还有，与撒尿相比，喷尿的味道更臭，这也是一个特征。

养猫咪的人的家里来客人的时候，开始时，猫咪是很警戒的，一会儿，就会对客人带来的东西产生很大的兴趣，然后就会作为自己的领地做上记号，于是就会在客人的东西上撒尿。

如果你的猫咪在客人的东西上撒尿，作为猫主人要负责清理，并且必须要赔偿。为了避免这种事情的发生，平时的应对方法是很必要的。

如何处理

公猫在自己的家里、自己的地盘上到处撒尿，留下自己的味道。特别是猫咪在附近闲逛或者是处于发情期时，为了保护自己的地盘，这种行动尤其盛行。

猫咪会在家里的墙壁上、柱子上、家具上、衣服上等各种地方撒尿。虽然这种行动是公猫的本能，是无法阻止的，但是在生活中，确实造成了很大的不便。

万一客人的东西上被猫咪撒上了尿，要好好地赔礼道歉，然后商量该怎么办。不要认为这只是猫咪的错误，作为猫主人必须承担起责任来。为了不损害跟对方的关系，要从心里真诚地对待这件事情。

如果在这种行动之前接受了阉割手术的话，猫咪就不会做这种行动了。如果不想要小猫咪的话，建议去做阉割手术。（参照 188 页）

再者，客人来的时候，不要让猫咪靠近，或者是把猫咪放置在没人的房间里等，要想出各种应对方法。

解决对策中的王牌

跟对方商量一下，猫咪造成的损失应该如何赔偿。

再者，为了不伤害彼此之间的关系，要想出真诚的应对方法。有时事后也会产生不愉快。

不要含混不清，如果决定了好好应对，就一定能向对方传递出自己的诚意。

医生的总体建议

<如何纠正猫咪的问题行为>

猫咪作为一种野生动物，虽然已被驯养，但仍然还保留原来的习性。所以，虽然能够与人一起生活，也有一些不好的行为。纠正猫咪的行动，不是靠严厉的呵斥，必须要花费时间慢慢地磨合。

修整爪子

整理爪子或在地盘上做记号，不管是什么猫咪都需要磨爪子。如果是在室内饲养猫咪，猫咪会把家具、窗帘、地毯等挠破，但是如果能够在早期的时候就给猫咪养成在固定地方磨爪子的习惯的话，这种事情是可以预防的。

狩猎的本能

根据猫咪种类的不同，各自能力的强弱也是不同的。但是猫咪都具有向小动物猛然扑过去或者咬主人的身体等作为猫咪捕猎的本能之一的攻击性行动。可以利用狗尾巴草等玩具，给予猫咪一个紧张精神的排泄口来消除这种行为。

大小便的麻烦

不能够在指定的场所大小便是猫咪引来麻烦的另一个行为。但是，在厕所以外的地方大小便的时候，有时可能是因为猫咪生病了，因此要仔细地观察猫咪的神态。并且，如果经常保持厕所的干净，就会使这些麻烦消失。

撒尿行为

公猫的撒尿行为是一种本能，是无法阻止的。在撒尿的时候，严厉的呵斥多少可以起到抑制的效果。接受阉割手术也可以阻止这种撒尿行为。

好恶

宠物店里出售各种各样的食物，猫咪的口味也变刁了。结果，自己喜欢的食物就吃，不喜欢的食物就不吃，像这样的猫咪也增多了。如果只给猫咪吃喜欢的食物，就有可能引起各种疾病，因此应该考虑用营养均衡的食物来喂养猫咪。

压力

只在室内饲养的猫咪无法与其他动物玩耍，同时行动也被限制，于是急躁的情绪就会积压。为了减压，猫主人要尽量多跟猫咪玩耍。

第六章

(原来如此!)最新猫咪话题

名医的选择与问询技巧

即使是很小的事情，如果有能够商量的家庭医生的话，不管发生什么事情都能安心。给猫咪请家庭医生也是很有必要的。

容易谈话的人比较好

如果有这样一个能够充分地掌握猫咪的性格、体质、生活环境等的家庭医生的话，不仅仅在治疗的时候有帮助，生活上的问题也能马上解决。就像人类需要一个家庭医生一样，猫咪也需要一个家庭医生。

住在自己家附近，不管什么问题都能马上来商量，同时交谈比较容易，这样的家庭医生比较好。因为需要托付给这个人的是猫咪的性命，因此需要谨慎地寻找。

与猫咪的性格相合很重要

作为猫咪的家庭医生虽然与猫主人的性格相合很重要，但是如果与猫咪的性格不相合的话，无论如何也是不行的，请一边观察在兽医面前的猫咪的神态，一边确认猫咪是不是感到不安，毕竟接受治疗的是猫咪。

多去看几次医生，大部分的猫咪就能够习惯兽医了。但是，其中也会有胆小的猫咪，不要按住不愿意接受治疗的猫咪，不能强制治疗。

一个好的医生应该具备的条件

第一，能够很准确地说明症状。能够清楚地说出该使用什么药来治疗等，这样的医生能够让人安心。

第二，能很好地倾听猫主人的话，提供诊断。最熟悉猫咪状态的是猫主人。

第三，在私人医院里无法处理的时候，要介绍去公立医院。要警惕提供过多的检查或者一直让住院的医院。

养猫费用之百科

毋庸置疑，猫咪是生物，会吃东西，也会生病，猫咪的生活费没有问题吧？

到底需要多少费用？

饲养猫咪的时候，首先猫咪的生活用品是必要的。例如食器、床、厕所、厕所的沙子、牙刷、梳子、指甲刀、脖圈、除臭剂等。

其次，每天的食物也是必要的。猫咪不能只吃人类残留的食物，这样的话就不能够吸收到所需的全面的营养。因此，辅助性的猫咪专用食物还是有必要的。也就是说，猫咪的伙食费要另外花费。

再者，打架生病住院，这样的情况也是有的。必须承担治疗所需的费用。

更重要的是，注射防疫苗、进行阉割或绝育手术、预防虱子和跳蚤等定期的检查费用也是需要的。

除此之外，家里长期没人的时候，必须把猫咪放置在宠物旅馆里。

像这样，喂养猫咪需要各种各样的花费。是不是已经准备好这些费用了呢？为了不出现“花费太多了，不能饲养猫咪了”这样的情况，要事先做好钱的规划。

推荐使用“假如”存钱法

虽然没有生病也没有遭遇交通事故，能健康地度过一生固然是幸福的，但是很多的时候，会出现一些意想不到的事情。

一旦有情况，如果使用了“假如”存钱法，解决事情时就不会慌张了。

跟猫咪的生活费不同，在猫咪主人家里稍微存点钱，一旦出现意外情况，这些钱就会发生作用。

如果还有富余的话，当作为猫咪准备生日派对的钱也不错呢。

保险实用知识

由于也要把宠物作为自己的家庭成员对待，于是宠物保险就登场了。仔细斟酌一下内容，然后考虑是不是要加入。

宠物保险的最新情况

与人类一样，宠物也想长寿，于是宠物医疗费好像也有增加的倾向。依据这些背景，出现的宠物保险中包含各种各样的服务。

因为是很心爱的宠物，所以要充分地考虑每一项内容，然后再考虑是不是要加入。我认为应该索取资料，然后再进行比较讨论比较好。

通过网络或电话询问一些猫咪的事情

知道吗？利用网络和电话可以简单地询问一些事情。如果没有达到要特意去医院的程度，你可以通过网络和电话咨询。

即使是细微的事情，也可以轻松愉快地询问

没有达到需要专程去医院的程度但是……像有关这样的询问以及在养猫方面的一些担心，这些事情首先要给动物医院打电话。如果有经常看诊的兽医的话，因为熟悉了解猫咪的情况比较容易商量，对于一些小问题能够快速地给出正确的意见。

宠物医院一般设置特别的电邮留言咨询地址，或有专业的网站主页。当不值得打电话或者打电话没人接听的时候，要轻松愉快地利用这些设施。

再者，医院的医生也会在医院以外的宠物网站主页上协助商谈，并且这些网站主页也能够检索到动物医院的位置。这样也有利于寻找医院，只要一查就可以了。

有效地利用这样的窗口是很重要的。但是，在猫咪生病、受伤、遭遇交通事故等无法自行处理的时候，请马上把猫咪带到医院，让兽医好好检查。

季节变化时的确认事项

每个季节，需要注意的要点都是不同的。不管什么时候，都要时刻注意猫咪的健康状况。

春 spring

春天是恋爱的季节。虽然猫咪的发情期一年有2~4次，但是一到春天，发情的猫咪好像就很多。由于争夺雌性猫咪引发战争，打架后受伤回家的情况也是有的。要马上治疗，防止伤口恶化。

春天跳蚤、虱子等就会慢慢地生出来。季节交替，天气温度会有变化，所以要好好地注意猫咪平时的健康管理。

夏 summer

猫咪是不耐热的，所以请特别注意温度的调节。在车子里和很热的屋内中暑的情况也有很多。即使在外出的时候，也要保持通风。

水果、水很快就会变坏是这个季节的特征，因此要勤换水换水果。

跳蚤、虱子等增加，要保证清除跳蚤、虱子的药是安全的，请与兽医商量使用。

秋 autumn

初秋还是很热的，猫咪也会生跳蚤、虱子，要充分注意猫咪的健康管理，也要注意早晚气温的变化。跟人类一样，猫咪的健康状况有可能会被打乱。

冬 winter

冬天，怕冷的猫咪大部分就会缩在室内，有时也可能在被炉和被子中，要注意一下。并且，要注意调节室内的温度。再者，因为电炉、火炉烧掉猫咪胡须、毛的事情也有发生。

你是否了解人畜感染症？

也有宠物传染给人的疾病，虽然这么说，但是害怕宠物的情况倒是没有。详细了解疾病的事实是很重要的事情。

病　名	感染动物	动物的症状	感染途径	人的症状	预防方法
皮肤线状菌	猫咪、狗狗	皮肤炎、脱毛等	与感染动物接触	出疹子、皮炎等	进行皮肤检查、早期治疗
疥　癣	猫咪、狗狗	皮肤炎、脱毛等	与感染动物接触	皮肤发痒、出疹子等	警惕与感染动物接触、进行早期治疗
耳疥癣症	猫咪、狗狗	皮肤炎、脱毛、摇头	与感染动物接触	皮肤发痒、出疹子等	警惕与感染动物接触、进行早期治疗
弓浆虫症	猫咪	腹泻、脑功能障碍等	从接触感染猫咪的粪便的手传入口中	怀孕的时候流产、死胎，也会引起淋巴结发炎等	彻底地处理猫咪的粪便
跳蚤过敏性皮肤	猫咪、狗狗	皮肤炎、发痒等	与感染动物接触	皮肤发痒等	驱除跳蚤
虱子感染症	猫咪、狗狗	皮肤炎、发痒等	与感染动物接触	皮肤发痒等	驱除虱子
猫咪挠伤	猫咪	几乎没有症状	被猫咪挠伤或者咬伤	发烧、淋巴结肿大	驱除跳蚤、定期修剪指甲
螨　虫	猫咪、狗狗	皮肤炎、发痒等	与感染动物接触	皮肤发痒等	驱除蜱螨、避免与感染的动物接触
弯曲杆菌病	猫咪、狗狗、小鸟	几乎没有症状	用手接触感染的猫咪及其粪便，从手传入口中	食物中毒、胃肠炎、呕吐等	彻底地处理猫咪的粪便
隐球菌病	猫咪、狗狗	副鼻腔炎、中枢神经等	粪便中的细菌和灰尘一起感染	发烧、咳嗽、中枢神经障碍等	保持生活环境清洁
布鲁氏菌病	猫咪	皮肤炎、发痒等	与感染猫咪接触	皮肤发痒等	驱除跳蚤
沙门菌病	猫咪、狗狗、羽虱	腹泻等	用手接触感染的猫咪及其粪便，从手传入口中	食物中毒、胃肠炎、腹泻、呕吐等	彻底地处理猫咪的粪便
结核病	猫咪、狗狗、小鸟、兔子、猴子	几乎没有症状、腹泻等	与感染动物接触、生活环境被污染	腹泻、发烧、败血症等	避免与感染动物接触
狂犬病	猫咪、狗狗等哺乳类动物	兴奋、声音变化、脑炎、出现症状、死亡	被感染动物咬伤	神经症状、脑炎、发病及死亡	如果是狗狗的话，一年接种一次疫苗

选择猫咪的要点

你想要什么种类的猫咪？对于猫主人来说，选择一只能够一起生活10年以上的猫咪是很重要的。要谨慎地选择。

选猫咪最合适的时间

选择猫咪最好的时间是在猫咪出生3个月后。出生2个月后第一次接种疫苗，然后过一个月后，第二次接种疫苗。如果两次疫苗都已经接种完，即使以后生病，也很少发生很大的疾病。

再者，小猫咪直到出生后2个月，会一直从猫妈妈、猫哥哥那儿学到很多的东西，同时性格、个性也形成了。这时，如果离开的话，就会变得害怕人和猫咪。

期望的种类

猫咪有很多种类。

首先，是纯种的好，还是杂种的好，要充分地考虑一下。

认为纯种的好的人要决定是长毛的好，还是短毛的好。根据毛的长短不同，猫咪的性格也有所不同，在宠物店中好好地看看。

然后是预算的问题。与钱包商量一下，“就是这只猫啦”这样想着，然后就选择这只。

是公猫好，还是母猫好

一般认为，公猫是调皮、爱跟父母撒娇的猫咪。母猫虽然很温和，但是不喜欢跟人亲近。

像这样，由于性别不同，性格也不同，但是在考虑猫咪的性格的时候，也要考虑成熟后的事情。

公猫在发情期会到处撒尿，或者是经常打架，但是如果阉割的话就不会发生这些事情。另一方面，母猫必须进行绝育，否则到了发情期有可能会怀孕。

桂图登字:20-2013-080
图书在版编目(CIP)数据

我家小猫有医生 / (日) 小田哲之亮主编；王超莲译. – 桂林：漓江出版社，2013.10
ISBN 978-7-5407-6790-7
Ⅰ. ①我… Ⅱ. ①小… ②王… Ⅲ. ①猫病 – 诊疗 Ⅳ. ①S858.293
中国版本图书馆CIP数据核字(2013)第248524号

我家小猫有医生

主　　编：[日]小田哲之亮
译　　者：王超莲
编辑统筹：符红霞
责任编辑：董　卉　王欣宇
版权联络：董　卉
装帧设计：黄　菲
责任监印：唐慧群

出 版 人：郑纳新
出版发行：漓江出版社
社　　址：广西桂林市南环路22号
邮　　编：541002
发行电话：0773-2583322　　010-85891026
传　　真：0773-2582200　　010-85892186
邮购热线：0773-2583322
电子信箱：ljcbs@163.com　　http://www.Lijiangbook.com
印　　制：北京盛源印刷有限公司
开　　本：965×1270　1/32　　印　　张：7.25　　字　　数：100千字
版　　次：2013年11月第1版　　印　　次：2013年11月第1次印刷
书　　号：ISBN 978-7-5407-6790-7
定　　价：28.00元

图说118种精油+30种基础油
最新版
芳香精油图鉴
精油需鸟&达人
必收读本

精油的益处
63种常见精油详解，
近百种精油处方，
全面解决健康生活问题

366天的
精油处方
特别推荐

商务男士的
魅力衣装
用魅力赢得成功！

职场女性的
魅力衣装

OH NO SHE DIDN'T
时尚
自痴
NG!
女人最不能犯的100个时尚错误
大牌毒舌
带你走出
时尚沼泽
轻松变身
时尚天才

手绘
时尚
巴黎范儿

手绘
时尚
巴黎范儿
2

优雅与质感
——熟龄女人的穿衣圣经
日本时尚设计师石田纯子
30多年的从业经验凝结
不受年龄限制的穿衣法则

手绘
365天的穿搭灵感

手绘
365天的穿搭灵感
2

手是最好的美容工具
史上最简单最强大的美容法！

法国经典
酒庄
何龙 著/摄影
Les VINS
d'histoire ,
Les VINGT à boire

味蕾畅游
欧罗巴
Europe
Bon Appétit!

东京厨房
日本女人健康餐桌的秘密

去巴黎
烤个马卡龙
一段甜蜜与冒险交织的梦幻旅程

即将消失的
百年美味

一学就会！
70道最经典的
法国甜点

和阿雅
一起做乐活美人
小S 何炅/推荐

情人的饱嗝
煮出幸福滋味

四季餐桌
老中医告诉你的
110种食材方案

胖星儿／著
跟胖星儿
学做菜

胖星儿／著
30分钟做营养晚餐

温暖
传家菜
99

美丽笔记
（白金升级版）

自由
爱与欢愉
点亮巴黎的女人们

千万不要这样穿
——42堂时尚进阶课
What Not to Wear
华尔街资深形象顾问
梁艳

女性的选择
坂东真理子
推荐

女性的价值
self
worth
?
25位国际影响力女性联袂推荐
令全球数十万女性摆脱内心束缚、释放全部潜能

相守一生并不难
银婚夫妻们的幸福婚姻秘诀
70、80、90后都该看的婚姻前教育书

垭口
听徐朋讲梅里特山的故事

自由呼吸
探险全纪录

找寻内心的平静
影响百万人的精神导师
畅销20年的心灵经典

陈艺嘉／著
慢游地中海
9年游走101个国家，
旅行者陈艺嘉在地中海的莞尔游记。

希腊手绘旅行
赵于萱／著
因为，

那些路上的恋人哪
从伦敦到卡萨布兰卡，爱的12城记

阅美文化

阅美精选

漓江出版社 · 漓江阅美文化传播

联系方式：编辑部 | 85891016-805/807/809

市场部 | 杜　渝 [产品] 85891016-811　胡婷婷 [网络营销] 85891016-801

地　　址：北京市朝阳区建国路88号SOHO现代城2号楼1801室

邮　　编：100022　　传　　真：010-85892186

邮　　箱：ljyuemei@126.com　　网　　址：http://www.yuemeilady.com

官方微博：http://weibo.com/lijiang　　官方博客：http://blog.163.com/lijiangpub/

阅　读　阅　美　，　生　活　更　美